El 2012
Y EL
CENTRO GALÁCTICO

"¡*El 2012 y el centro galáctico* nos pone al tanto del acontecimiento más emocionante de los últimos 260 siglos! Christine Page nos presenta desafíos positivos frente a las dudas convencionales sobre el futuro".

C. Norman Shealy, coautor de *Soul Medicine: Awakening Your Inner Blueprint for Abundant Health and Energy* [Medicina del alma: Active su código interior de abundante salud y energía]

"Christine Page es una excepcional protectora de sabiduría y su libro es una síntesis competente e instructiva de conocimientos eternos que esclarecen nuestros tiempos turbulentos".

Brian Luke Seaward, autor de *Stand Like Mountain, Flow Like Water* [Firme como una montaña, fluido como el agua]

El 2012
Y EL
CENTRO GALÁCTICO

EL RETORNO DE LA GRAN MADRE

CHRISTINE R. PAGE, M.D.

Traducido por Ramón Soto

Inner Traditions en Español
Rochester, Vermont • Toronto, Canada

Inner Traditions en Español
One Park Street
Rochester, Vermont 05767 USA
www.InnerTraditions.com

Inner Traditions en Español es una división de Inner Traditions International

Titulo original: *2012 and the Galactic Center: The Return of the Great Mother* publicado por Bear & Company, sección de Inner Traditions International

ISBN 978-1-59477-327-3

Impreso y encuadernado en Estados Unidos por Lake Book Manufacturing

10 9 8 7 6 5 4 3 2 1

Diseño del texto por Diana April y diagramación por Priscilla Baker
Este libro ha sido compuesto con la tipografía Garamond Premier Pro y la presentación, con la tipografía Omni

Las ilustraciones de las páginas 3, 9, 45, 58, 92, 104, 129 y 219 son de Sherrie Frank.
Las ilustraciones de las páginas 27, 29, 34, 67, 101, 114, 115, 116, 130, 145, 155, 157, 164, 193, 201, 204 y 206 son de Jupiter Images, © 2006.
La fotografía de la página 11 es cortesía de Lucy Pringle.
La fotografía de la página 90 es cortesía de Robert Temple.
Las imágenes de las páginas 99 y 137 son cortesía de Wikimedia Commons, Licencia de documentación gratuita de GNU.

Para obtener más información sobre Christine R. Page y su obra, visite su página de Internet: **www.christinepage.com**

CONTENIDO

A la Gran Madre que nutre mi alma

y

a mi querido esposo, Leland,

por su dedicación a respetar, honrar y

apoyar la obra de mi vida

y

de amar a la diosa que hay dentro de mí.

INTRODUCCIÓN

ENSEÑANZAS BAJO LAS ESTRELLAS

Me encuentro una vez más arrodillada en la cálida arena, observando a mi querido maestro, con su rostro surcado de arrugas y oscurecido por años de vivir al inclemente sol del desierto. Todo me resulta muy familiar: la tierra caliente, los exquisitos colores del sol poniente y la confianza que deposito en este hombre de edad indeterminada, pero de un aire al mismo tiempo antiguo y eterno.

Hemos adoptado una posición natural para los nómadas: con un pie apoyado en el suelo, listo para estirar la pierna y permitir la huida de un momento a otro, y el otro pie recogido bajo el cuerpo, para poder descansar. Esto me hace recordar la frase "estar en el mundo sin ser del mundo". En este momento, tengo centrada la atención en un mandala bastante complejo que mi maestro ha ido esculpiendo meticulosamente en la arena desde hace una hora. Alza la mirada complacido con sus esfuerzos y entonces, sin una palabra y con un rápido movimiento de la mano, deshace toda la imagen, hasta que sólo queda la arena lisa e impoluta.

El maestro sonríe: "Recuerda que, a pesar de las apariencias, la vida es transitoria; hoy estamos aquí, pero mañana no. Todos los sueños e ideas provienen de una fuente primigenia que a menudo se ha descrito como la Gran Madre o el océano de posibilidades y es allí adonde nuestras creaciones volverán a la postre para cumplir su destino. ¿Qué imagen de tu futuro quieres crear ahora"? Tiene un destello en la mirada y su mano está posicionada sobre la arena, presta a dibujar.

"Pero el cambio no puede ser tan fácil como el simple hecho de deshacer con la mano lo viejo y crear algo nuevo", digo, impresionada ante la sencillez de esta idea.

El maestro se sonríe al escuchar mi observación. "Por supuesto que sí lo es, siempre lo ha sido. Como expresión de la Mente Única, somos ante todo creadores y transformadores de la realidad. Desafortunadamente, muchos no consiguen valorar el abanico de posibilidades que tienen a su disposición y prefieren vivir dentro del engañoso estado de seguridad que les ofrece una experiencia conocida cuya utilidad han probado y demostrado. Ese tipo de personas luchan por no sufrir la escasez y alcanzar la abundancia sin darse cuenta de que la pobreza que desean dejar atrás existe en primer lugar en sus propias mentes".

Satisfecho con su demostración, vuelve a apoyarse sobre un talón y prosigue: "La Tierra y sus habitantes se encuentran actualmente inmersos en una gran época de transformación en la que lo viejo está dando paso a lo nuevo. En otras palabras, no estamos evolucionando, sino disolviéndonos.

"Según los mayas, en los años ochenta la Tierra y sus habitantes comenzaron un extraordinario viaje de treinta y seis años de duración, que concluirá justo antes del año 2020.[1] Por primera vez en 26.000

La Fisura Oscura de la Vía Láctea

años, el Sol alcanzará la mayor alineación posible con lo que se conoce como la Gran Hendidura, la Fisura Oscura o el Camino Negro de la Vía Láctea.[2] Este camino conduce directamente al centro de la galaxia, o al corazón de la Gran Madre, y a través de este portal es que obtendremos acceso a la fuente eterna de toda la existencia, a la Madre misma.[3] Los terrícolas nos encontramos en una posición privilegiada para andar metafóricamente por este camino e ingresar en el agujero negro que se encuentra en el centro de la galaxia. En ese momento, experimentaremos nuestro pleno potencial, el reino ilimitado de posibilidades, y llegaremos a conocer el verdadero significado de la inmortalidad.

"Después de un período que algunos percibirán como caos y otros como una gran dicha, abandonaremos a la Gran Madre a través de un agujero blanco y daremos nacimiento a sueños y visiones que se convertirán en la realidad de muchas generaciones por venir.

"Como analogía, este período de treinta y seis años pudiera equipararse con los tres días durante los que la Luna es invisible en el cielo nocturno. Durante ese tiempo, 'muere' la luna vieja y 'nace' la luna nueva. Para los mayas, que eran maestros de la astronomía, este 'período de oscuridad' representa el fin del mundo de su cuarto sol y el nacimiento de su quinto mundo al amanecer del 21 diciembre de 2012.[4] Su calendario, que es ahora tan conocido, abarca la fase quinta y final de su cuarto mundo y termina en ese solsticio en particular después de 5.125

Los treinta y seis años del paso del Sol por la apertura del centro galáctico.

años. Según algunas interpretaciones, esto significaría que la humanidad se encuentra en los últimos días del fin del mundo. Pero yo creo que es sólo el comienzo".

El maestro se detiene y los dos reflexionamos sobre los años que vendrán. Al cabo de un instante, continúa. "A muchas personas este tiempo de transición les parecerá carente de estructura y confuso, con el pasado prácticamente consumado y el futuro aún por nacer. No obstante, estas condiciones extremadamente singulares nos ofrecen la máxima recompensa que buscan todos los seres espirituales: la oportunidad de conocer la vida eterna y de llegar a ser como dioses y diosas.

"Porque en ese momento, entre los mundos, el tiempo colapsa, el espacio se expande hacia lo infinito y desaparecen los velos que separan las dimensiones para proporcionarnos una simple revelación: que nuestro desafío actual consiste en ser capaces de dejar de asirnos al pasado y el futuro para que podamos valorar plenamente la abundancia de opciones y de promesas espirituales que se nos ofrecen. Algunos aspectos ya se han manifestado, pero el resto dependerá de la energía y las creencias que llevemos con nosotros a la 'dulcería de las oportunidades', la Gran Madre, porque si uno solamente conoce las galletas con pedazos de chocolate, eso es lo único que será capaz de seleccionar entre el océano de posibilidades que tiene a su disposición.

"Debo ser claro. La inmortalidad no consiste meramente en la oportunidad de llegar al tesoro escondido de la Gran Madre, sino en la capacidad de ir fácilmente de un lado a otro entre el mundo de la esencia y el de la forma, mediante la concentración de la atención, al hacer que el espíritu entre en la materia y luego, con un simple cambio de perspectiva, que la materia vuelva a disolverse hasta convertirse en espíritu. La energía necesaria para crear la vara mágica está hoy a nuestra disposición en una forma que no había estado durante 26.000 años. Por ahora, todas nuestras creaciones de este inmenso período de tiempo están volviendo a nosotros para que podamos crear una columna de luz, nuestra vara mágica.

"Esta época no es para sentirse limitado por el miedo al cambio o a lo desconocido, ni para aferrarse a la creencia de que de algún modo no somos merecedores de lo que la Gran Madre nos ofrece. ¿Por qué crees que hay tantas almas actualmente en este planeta? Durante muchas vidas, todos hemos trabajado para llegar a este momento, decididos a no dejar pasar esta oportunidad única de transformación del alma, pues de lo contrario tendríamos que esperar 26.000 años más".

Exhalo prolongada y profundamente y reconozco dentro de mi ser la verdad de lo que me dice.

Mi maestro sonríe al percatarse de esto. "Esta definición de la inmortalidad —un estado de ser que reconoce el campo transitorio y unificado de la realidad— equivale a las enseñanzas de los mayas, un pueblo antiguo que decía que la Tierra y sus habitantes iban a entrar en una nueva era mundial regida por el elemento del éter, un mundo en el que hay un matrimonio sagrado entre opuestos que creará un campo unificado de conciencia.

"Se considera que el éter es el quinto elemento y que es al mismo tiempo la síntesis de los otros cuatro: tierra, aire, fuego y agua.[5] Según los grandes matemáticos —los pitagóricos— cada elemento está representado por distintas formas geométricas, conocidas en su conjunto como sólidos platónicos. Los pitagóricos creían que el constante movimiento e interrelación entre estos elementos, cada uno de los cuales puede expresarse como frecuencia musical, condujeron a la formación de galaxias y universos y de la vida que conocemos.

"Este nuevo dominio del éter está representado por la unificación, la amplitud y la invisibilidad, y lo simboliza el dodecaedro, figura geométrica de doce caras, que según algunos es la forma del universo.[6] El número 12 es muy estimado por los estudiosos de las religiones y los místicos. Fueron doce las tribus de Israel, doce los hijos de Jacob, doce las frutas del Árbol de la Vida, doce los discípulos de Jesús, doce los caballeros de la mesa redonda del Rey Arturo y doce los signos del zodíaco.

"Cada vez que se usa este número, nos hace recordar los doce atributos que deben hacerse despertar dentro del alma humana antes de que podamos acceder a los reinos multidimensionales de la conciencia

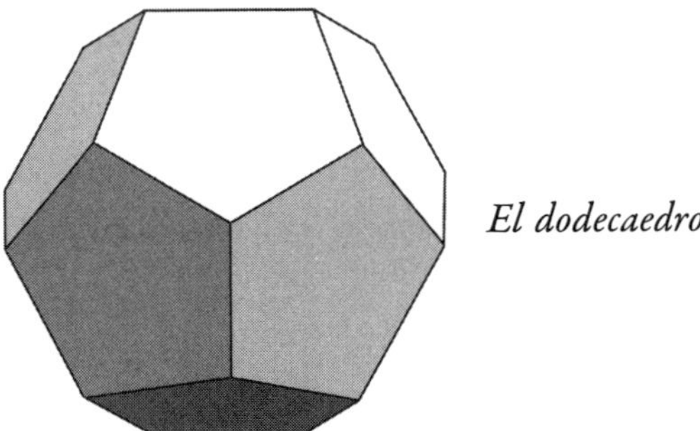

El dodecaedro

universal, o lo que algunos llaman cielo. Esta forma la has visto antes, ¿cierto?", me pregunta.

¡Claro que la había visto! Cuando estudié la percepción de la realidad, aprendí que la Tierra, de modo similar a todos los seres humanos, posee un aura consistente en cuerpos sutiles o cuadrículas de energía vibratoria. Cada cuadrícula tiene la misma forma que uno de los sólidos platónicos, está contenida a su vez dentro de otra y se mantiene viva por distintas frecuencias de conciencia, incluidos nuestros pensamientos, sentimientos y percepciones. Cuando una de las distintas cuadrículas recibe mayor atención de nuestra conciencia colectiva, y por ende mayor poder, emite una imagen holográfica que entonces vemos como la realidad. Así pues, cuando la mayoría de la población expresa alegría, creamos y vemos el mundo como un entorno alegre. En cambio, cuando la emoción primaria es el miedo, el mundo se convierte en un entorno de secretos y ansiedad, exacerbados por nuestras respuestas de supervivencia.

Con el paso del tiempo, hemos llegado a olvidar el carácter engañoso de las imágenes holográficas fijadas por nuestra propia expresión consciente y creemos que el mundo es sólido y que está fuera de nuestro control. Pero, en esencia, estos conjuntos de energía vibratoria se pueden transformar con la misma celeridad con que podemos cambiar una idea.

Durante miles de años, las fuerzas motrices de la creación de la realidad han sido nuestras emociones, vinculadas con el elemento del agua, mientras que nuestras creencias y raciocinio representan el elemento del aire. Actualmente, al comenzar la nueva era de compasión, armonía e interrelación, estamos volviendo a conectarnos a una red que ha esperado pacientemente su turno de ser recordada. Se trata de la red de la unidad o de Cristo, que tiene forma de dodecaedro y refleja el elemento del éter.

El maestro asiente con un gesto y yo veo claramente cómo todos estos elementos encajan entre sí. Prosigue el maestro: "El éter, el elemento del quinto sol, es celestial y carece de materialidad, pero no por eso es menos real que la madera, el viento, la llama, la piedra o el cuerpo físico.[7] Dentro del contexto del éter puede haber una fusión de polaridades sin que sea necesario distinguir entre oscuridad y luz, negativo y positivo, bueno y malo, ni espíritu y materia. Todas estas formas son aceptadas como una expresión más de la misma esencia, creadas amorosamente en presencia de la Gran Madre.

"A medida que los polos de existencia comiencen a fusionarse y que se disuelvan los velos entre las distintas dimensiones, encontraremos que nos vamos haciendo cada vez más sensibles a los efectos que tienen nuestras acciones en otros seres.[8] En otras palabras, sentiremos en el corazón lo que sienten otros, sin darnos el lujo de la culpabilidad, la negación ni la proyección. De este modo, experimentaremos el verdadero significado de un sentimiento que se encuentra en muchas religiones, incluido el budismo, que afirma: 'No hieras a otros en formas que tú mismo encontrarías hirientes', pues tú y yo somos un mismo ser.

"Imagínate un mundo en el que ya no exista la opción de negar nuestra interrelación. Imagínate cómo cambiaría la decisión de lastimar a otros o abusar de ellos, sea en sentido físico o emocional, si supiéramos que nosotros mismos íbamos a sentir el dolor que les infligiéramos. Cuando tú y yo somos uno mismo, compartimos todos los sentimientos y seleccionamos instintivamente las acciones que producen el mayor grado de armonía y alegría. En esencia, el quinto mundo del éter nos trae la posibilidad de alcanzar en este planeta una paz que realmente va más allá de toda nuestra comprensión actual".

Los dos miramos a lo lejos en el desierto mientras reflexionamos sobre un mundo en el que es posible llegar a la verdadera unificación armónica a través de la aceptación y la celebración de la diversidad.

El maestro prosigue: "Por supuesto, hay quienes, para satisfacer sus propias necesidades egoístas, preferirían mantener la enemistad existente entre los distintos polos de la realidad. Se valen del miedo, la desconfianza y la vergüenza para hacer que las personas sigan estando separadas, pues saben que la cooperación, la compasión y la confianza conducirían a la desintegración de su autoridad. Son maestros de la amenaza sofisticada, que hace posible persuadir emocionalmente a otros de que no sacudan la barca y que distorsiona la apariencia de unidad basándose en el principio de 'se hace a mi modo o no hay modo'. Para perpetuar su propia causa, estas personas explotan el caos y la incertidumbre que son comunes y naturales en momentos como éste".

No es difícil identificar a las personas o grupos que tienen un gran interés en el mantenimiento del control a través de la incitación del miedo. "No obstante, a pesar de la propaganda", continúa el maestro, "hay un gran número de personas comunes y corrientes que se están dando cuenta de que muchos de los dogmas que se nos han inculcado durante siglos se basan en falacias. Hay millones de personas que están empezando a prestar atención a su propia guía interna, que les dice algo muy distinto. A través del conocimiento interior o la intuición, están volviendo a conectarse con el pulso del corazón de la Gran Madre y a recordar que su destino en esta vida consiste en sembrar la simiente de la conciencia del nuevo mundo.

"Con todo, hay algunos que están preocupados con la vergüenza del pasado o el miedo del futuro, y que prefieren seguir con las formas antiguas y conocidas. Pero su inteligencia celular está prestando atención y, aunque la verdad se encuentre en estado latente, nunca se pierde. Durante las próximas décadas habrá una gran necesidad de que todos los que sean capaces de oír conscientemente el llamamiento animen a otros a recordar su destino inherente para que conjuntamente podamos dar nacimiento a un mundo en el que rijan los principios de cooperación y unidad a través de la aceptación de la diversidad y de la relación adecuada con todos los que compartimos este planeta".

El maestro hace una pausa para que yo pueda valorar los desafíos y alegrías que tenemos por delante y luego mira a lo lejos, hacia el cielo infinito. "Los pueblos antiguos que creían que su existencia se extendía más allá de los confines del plano terrenal consideraban que la Vía Láctea era la fuente de toda la creación", continúa. "Algunas culturas la veían como la Gran Madre, con su corazón en el centro, con el amplio campo blanco de estrellas que simbolizaba su vientre preñado y con la Fisura Oscura que representaba su hendidura de fecundidad o vagina.[9]

"Para otras culturas, nuestra galaxia era una gran serpiente, con su boca abierta representada por la Fisura Oscura que dividía el río blanco de estrellas.[10] Sea cual sea la cultura o la analogía, la historia es la misma. De ahí es de donde nacemos y recibimos sustento y allí será adonde volveremos para morir".

Se detiene mientras ambos nos damos la vuelta para honrar el paso del Sol que se oculta por debajo del horizonte al terminar otro día. "Los reyes mayas realizaban viajes chamánicos en servicio a su pueblo", prosigue el maestro. "A través de las prácticas ritualistas, entraban en la boca de la serpiente —el portal al inframundo— y viajaban a través de la oscuridad hasta alcanzar la fuente eterna de toda la creación.[11] Después de sumergirse en este océano de posibilidades, la conciencia de la Gran Madre, renacían desde ese mismo orificio, trayendo a sus seguidores

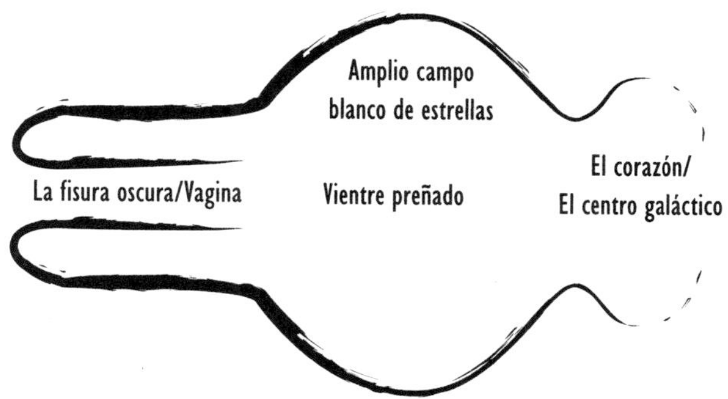

La Vía Láctea como la Gran Madre

sabiduría e inspiración. Como puedes imaginar, la capacidad que tenían estos oráculos de moverse y estar en comunión entre los mundos les garantizaba una posición extremadamente poderosa en su sociedad.

"Lo que es importante que entiendas es que, más allá del simple hecho de contar con palabras su experiencia, personificaban esta energía, con lo que servían como una especie de pararrayos o conducto para que dicha energía llegara a la Tierra. Eran magos y alquimistas que podían transformar en materia las frecuencias arquetípicas de energía que habían absorbido durante su viaje por el centro de la galaxia. Conocían el secreto de la inmortalidad. En la mayoría de las ocasiones, estos alquimistas se valían del medio de la narración y la recitación de poemas y empleaban formas geométricas en el arte para influir en el alma, teniendo conciencia de su pueblo y, por lo tanto, de su destino".

Mientras el maestro habla del poder que tienen los patrones geométricos de inspirar a la conciencia, voy imaginándome los miles de círculos en cultivos que han aparecido en distintas partes del mundo desde finales de los años ochenta, el mismo período durante el que ha sido posible un mayor acceso al centro galáctico. Estos diseños geométricos complejos, que a menudo se ven en el extremo suroriental de Inglaterra, han sido atribuidos al genio de los extraterrestres, el influjo de ondas sonoras, el poder del inconsciente colectivo y, más recientemente, a seres humanos comunes y corrientes que simplemente utilizan sus talentos artísticos para diseñar estos círculos.

Sea cual sea la fuente, se sabe que estas formaciones poseen vibraciones energéticas específicas que nos hacen adentrarnos en patrones arquetípicos detallados hasta que ejercen en nosotros una profunda influencia a nivel celular. Si los físicos que propugnan la teoría de cuerdas están en lo correcto y la conciencia consiste en ondas de diversas frecuencias que influyen en cada momento de nuestras vidas,[12] ello significaría que estas formas universales, como un molde, van formando y definiendo nuestros pensamientos y por lo tanto nuestras acciones. En otras palabras, van determinando las realidades que cobran forma en nuestro mundo.

Si bien los patrones arquetípicos influyen en nosotros al nivel más profundo, el producto final es completamente exclusivo, pues expresa la perfección de la diversidad dentro del plan universal. Me fijo en los granos de arena que yacen alrededor de mis pies y me maravillo de la forma compleja en que cada uno de ellos se distingue de los otros, perfeccionados durante años por el viento y el sol, pero todos de comparable belleza.

Mi querido amigo, después de reconocer las revelaciones que acabo de recibir, continúa: "Desde que se tiene memoria, ese mismo centro de la galaxia ha sido visitado por videntes, yoguis y chamanes, quienes han sido transportados por corrientes de conciencia proyectada. Describen dimensiones que no están regidas por el paradigma espaciotemporal, en las que hay acceso a universos multidimensionales y paralelos y en las que radica la fuente de la vida. Estas dimensiones han recibido el nombre de cielo, la nada, el punto cero y el vacío, aunque en realidad no están vacías, sino llenas de potencialidad. Un término más preciso sería el *quantum plenum*".[13]

Vuelvo mentalmente a una charla que escuché recientemente sobre la no localidad y su cualidad inherente de interconexión. El conferenciante llamaba a este lugar no localizado *espacio fásico,* término matemático que describe un lugar invisible consistente en campos vibrantes de probabilidad, donde tenemos a nuestra disposición cada uno de los pasados y futuros posibles —en otras palabras, la Gran Madre. Dentro de este

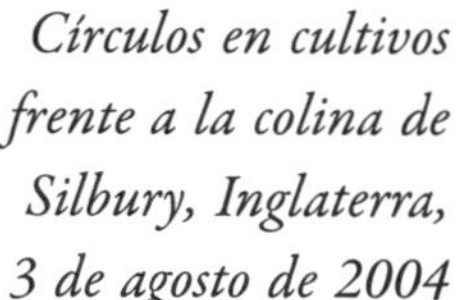

Círculos en cultivos frente a la colina de Silbury, Inglaterra, 3 de agosto de 2004

espacio no hay materia y en él todo existe como luz pura o conciencia esencial que son inconmensurables. Lo único que se puede hacer en él es estar presente ante la incertidumbre. Tan pronto como se le aplica la observación, atención o análisis, la forma de onda colapsa, la probabilidad se convierte en una realidad y se producen partículas de realidad manifiesta.

Lo que aprendí de esta estimulante conversación es que el pasado, el presente y el futuro claramente definidos sólo existen desde un punto de vista lineal. En el mundo de la realidad no localizada, todo existe en animación suspendida, el ahora coexiste con el pasado como visiones meramente distintas de nuestra realidad holográfica que se hacen manifiestas mediante el simple cambio del centro de atención o ángulo de percepción. Cuando se lo ve de esta manera, resulta fácil apreciar la posibilidad de modificar no sólo el futuro, sino el pasado.

Emocionada por las asociaciones que va estableciendo mi mente, miro directamente a mi amigo y le digo: "Con tu descripción del viaje de los sabios, chamanes y reyes hacia la gran madre y de vuelta a la Tierra, voy profundizando mi comprensión de los misterios de la inmortalidad. Ahora entiendo que cuando vivo en el presente, estoy inmersa en posibilidades eternas al mismo tiempo que experimento lo finito en cada lugar donde decido prestar atención en ese preciso instante. Si cambio la óptica, mi perspectiva anterior se vuelve a transformar de lo finito al océano de posibilidades y una nueva onda de probabilidad se convierte en realidad o forma manifiesta".

Feliz de ver que lo entendía, el maestro cambia de posición en la arena. "Hay un refrán que a menudo se cita erróneamente", explica. "'Como es arriba, es abajo'. Para el alquimista, el verdadero mensaje es: 'Como es abajo, es arriba; como es arriba, es abajo'.[14]

"La vida es un continuo, representado por la serpiente que se muerde su propia cola, el Ouroboros o Uróboros, que nos recuerda los ciclos constantes de muerte y renacimiento que ocurren una y otra vez hasta que sólo queda el ahora. En lo referente a la inmortalidad, vemos la fuente creativa, o el océano de posibilidades y la creación (la realidad manifiesta) como fenómenos igualmente reconocidos, intercambiables y esenciales entre sí. En otras palabras, el espíritu y la materia no son más que distintas facetas de la Divinidad. Cada uno genera constantemente al otro a expensas de su propia existencia.

"La capacidad de cambiar de frecuencias entre la vibración superior del espíritu y la vibración inferior de la materia es posible debido a la existencia de un transformador que se encuentra no sólo dentro de cada ser humano, sino en el centro de la galaxia. Este equipo tan singular es el corazón. Sin él, nuestro propósito mismo como seres creativos se paralizaría al vernos forzados a vivir una vida de potencial constantemente cohibido o a estancarnos, paralizados por el peso de nuestras propias creaciones. ¿Te das cuenta ahora de por qué los pensamientos limitantes, la falta de alegría y la negación son factores tan importantes en la formación de enfermedades cardiacas? Cuando estamos desconectados del pulso de nuestro corazón, olvidamos que somos magos inmortales y que no hemos puesto reparo en renunciar a nuestra vara mágica y a nuestro poder. Es hora de "recordar" quiénes somos y esto sólo puede lograrse si uno presta atención al llamamiento del corazón.

"En términos más modernos, este milagroso corazón podría describirse como una puerta estelar, que nos permite transportarnos naturalmente dentro de esta existencia multidimensional. Cualquier persona que alguna vez haya estado enamorada conoce la capacidad de transformación del corazón. Cuando uno se encuentra abrazado por la energía

El Uróboros, que revela el carácter cíclico de nuestra existencia (Uróboros, dibujo hecho por Theodoros Pelecanos en 1478, en el tratado de alquimia titulado Synosius*)*

de su amante, el tiempo se disuelve, el espacio se expande y todo es posible. Quienquiera que se cruce en su camino en esta existencia de dicha le parecerá amable, bello e impecable. En ese estado, experimentamos la cualidad esencial de la existencia espiritual, que nos parece maravillosa. Ahora el desafío consiste en crear este espacio generado por el corazón dondequiera que uno vaya, en resonancia con la energía proveniente del corazón de la Gran Madre, que nos abraza a todos por igual. Es la energía que llamamos amor.

"Para poder alcanzar ese estado de libertad inmortal, debemos empezar por crear y luego ir ocupando cada vez más nuestro cuerpo luminoso o Ka, el vehículo que nos permite escapar de las limitaciones del tiempo y el espacio".

La mención del Ka me hace recordar a Tom Kenyon y su libro *The Magdalen Manuscript* [El manuscrito de Magdalena],[15] en el que describe las enseñanzas de los alquimistas egipcios en su búsqueda de la inmortalidad. Consideraban que cada ser humano tenía tres cuerpos: el Khat o cuerpo físico, el Ka o cuerpo luminoso y el Ba o alma celestial, o el yo superior. A través de un profundo trabajo interior y prácticas de alquimia, aspiraban a activar cada uno de los chakras del cuerpo, enviando energía de los chakras por una vía conectora central, el Djed, que se encuentra a lo largo de la columna vertebral. El proceso, conocido como elevación del Djed, tiene un claro parecido con la resucitación de los muertos, o la transformación de la conciencia elemental a la conciencia dorada de la iluminación. Por eso es que los guerreros sagrados en *La Guerra de las galaxias se* llaman caballeros Jedi, lo que indica que son alquimistas que dominan su Djed, o fuego sexual.

Para alcanzar la inmortalidad, se les enseñaba que había que lograr la alineación de la energía correspondiente al Djed con la del Ba, el yo superior o plano esquemático espiritual. Cuando tiene lugar este matrimonio sagrado, hay un influjo de energía hacia el Ka, que lo aviva hasta producir una vestimenta o capa de oro. Así se crea el cuerpo inmortal.

Mi maestro en el desierto, al ver que voy entendiéndole, retoma el hilo. "Ese proceso de avance hacia la inmortalidad suele requerir el paso por muchas vidas. Pero, en este momento de la historia, está al alcance de todos los estudiantes dedicados de la alquimia siempre que recuerden la advertencia del gran alquimista Saint Germain, quien dijo: 'Todo alquimista en formación debe cuidarse del autoengaño y la racionalización'.[16]

"Hay claves específicas que son esenciales para el desarrollo del Ka o cuerpo luminoso. Son las siguientes:

- Estar presente en el ahora sin aferrarse al pasado ni al futuro
- Tener una apreciación consciente de la capacidad de crear a través de la atención focalizada
- Prestar plena atención hasta que el pensamiento inspirado se transforme en materia y, acto seguido, darse cuenta de que nada de esto importa
- Sentir compasión y aceptación hacia nuestras creaciones
- Comprender que nuestra conciencia crece a través de nuestras creaciones

"Los maestros de la Gran Obra de la alquimia describen las doce fases de desarrollo del Ka en forma de ciclos de inhalación y exhalación. En este viaje heroico participan los aspectos masculino y femenino de nuestro ser; el femenino proporciona la fuerza para avanzar y el masculino, la perspectiva.

"Las fases de la inspiración nos piden que:

- Escuchemos a nuestra intuición o sabiduría interior
- Demos sustento y apoyo a nuestros sueños e ideas
- Seamos dueños de nuestro poder, tanto físico como espiritual
- Aceptemos el carácter dual de la existencia y hagamos frente a las contraimágenes de nuestro yo desposeído
- Convirtamos los sueños en realidad y celebremos

"Estas cinco fases de la inspiración entrañan el desarrollo del ego-héroe que viaja hasta que sus sueños se hayan realizado por completo y él se haya convertido en rey o soberano de sus propias creaciones. Pero ésta es sólo la mitad del ciclo y, en el momento de su expiración, el ego-rey tiene que prepararse para morir, ofreciendo de vuelta a la Gran Madre que se expande cada vez más, la fuente eterna, la sabiduría de sus experiencias terrenales para que ella pueda entonces dar nacimiento al nuevo Sol o ego, de modo que el ciclo continúe.

"Así pues, las fases de la expiración requieren que:

- Perfeccionemos el proceso de contemplación e introspección
- Afiancemos el poder del amor para que nos apartemos del mundo exterior y regresemos a nuestro núcleo
- Descendamos a la caldera hirviente de la Diosa Oscura, donde se disuelve la carne de nuestros 'relatos' o narrativas hasta que sólo quedan los huesos
- Reconozcamos los aspectos del yo que quedaron separados debido a la vergüenza y el miedo y los aceptemos en el corazón sin emitir juicios
- Transformemos la forma física en esencia espiritual
- Culminemos el desarrollo de la vara mágica o Djed, mediante la cual podremos alcanzar el Ba
- Nos fusionemos con la Gran Madre a través del matrimonio sagrado, en el momento que sólo existe ahora."

El maestro espera mientras el impacto de sus palabras penetra por completo en mi conciencia. En lo profundo de mi corazón, sé que lo que dice es cierto pero, al mismo tiempo, me sorprendo al sentir desde adentro una inquietante preocupación, que exige ser escuchada: "¿Qué pasa si pierdo la oportunidad? ¿Qué pasa si lo hago mal"?

El maestro ríe ante mi franqueza. "¿Ves qué rápido tus temores limitantes y sin resolver se imponen al sentido del conocimiento y el entusiasmo? Eso es normal y te ayuda a reconocer las partes de tu conciencia que se han ido separando con el tiempo y que están a la espera de la reintegración. Por ejemplo, trata de recordar una idea o un sueño que te hayan emocionado tanto que hayas hecho planes para darles forma y hacerlos realidad. Luego recuerda que, cuando al fin los hiciste realidad, el sueño manifiesto no fue un lecho de rosas y atraía emociones que empañaron la experiencia. A pesar de tu entusiasmo inicial, retiraste la atención a esta creación y te concentrarse en otra cosa.

"Pero, al hacer esto, abandonaste una parte de tu conciencia, que podría verse como un pétalo de tu flor sin el cual ésta quedaría incompleta al florecer. Es inherente a ti que vuelvas y vayas arrancando las capas exteriores del 'relato' o narrativa hasta que puedas extraer las gemas de sabiduría (conciencia en acción) que esperan dentro. Mientras no hagamos esto, nunca podremos reunir suficiente fuerza como para construir nuestro cuerpo luminoso y convertirnos así en los creadores del nuevo mundo del que estamos llamados a ser parte.

"La Diosa Oscura se encuentra en residencia actualmente y nos invita a entrar en su caldera abrasadora para que podamos recuperar las gemas de las experiencias de todas nuestras creaciones durante los últimos 26.000 años. Al liberarse la luz, comprenderemos las enseñanzas sobre la resurrección de Jesús, quien vivió en su Ka después de su muerte y nos alentó a que siguiéramos su ejemplo".

"¿Que sucede con las partes de mí que decido tratar de ignorar?", pregunto.

El maestro responde sin titubear. "Éste es un momento para concluir el karma y librarte del sinnúmero de ilusiones que te has creado sobre tu ser y sobre el mundo en general. Las subpersonalidades o complejos arquetípicos que no posees te poseerán a ti, convirtiéndose en el origen de tus creaciones una y otra vez hasta que te percates de ello. Esto no es una forma de castigo, como muchos quisieran creer cuando dicen 'esto siempre me pasa a mí', sino un don que te impulsa más aún a recordar quién eres en verdad.

"La Diosa Oscura o Arpía no tiene buena reputación. A menudo deja a su paso confusión, muerte y destrucción. Pero durante este proceso de transformación, su amor por nosotros es más fuerte que nunca, pues sólo ella sabe que, para que pueda nacer un nuevo mundo, debemos permitir que lo viejo muera. En este mismo instante, su naturaleza de buitre nos está arrancando a jirones la carne de nuestros relatos antiguos y redundantes hasta dejar solamente los huesos de nuestra conciencia esencial". Puedo sentir físicamente su presencia y me resulta muy reconfortante.

"¿Entonces quieres decir que mientras más reconozca mi vinculación con las partes de mí de las que me he separado por la razón que sea, y encuentre una manera de aceptar su presencia en mi vida, más energía poseerá mi cuerpo luminoso y mayores serán las oportunidades de aceptar mis sueños sobre el futuro"?

En un instante me doy cuenta de que no habrá mesías ni gurú que nos guíe. ¡Hemos estado esperando por nosotros mismos! Lo que conformará nuestro destino será la combinación de nuestras conciencias, los pensamientos mismos que estoy teniendo en este momento. A través de este portal de oportunidad se nos están entregando las llaves del cielo para que podamos traer riquezas cósmicas a la Tierra. Entonces se me ocurre algo: ¿Cuál habría sido la reacción de los reyes-chamanes o sacerdotes del pasado si su posición sagrada en la sociedad se viera en peligro cuando sus súbditos fueran capaces de hacer la misma travesía y hablar directamente con la fuente? Quizás esto les haría preguntarse: "¿Para qué necesitamos un rey"?

Estamos entrando de veras en una época de potenciación personal, en la que la autoconciencia y el respeto por las especiales contribuciones de cada persona, que simbolizan la próxima era de Acuario, están imponiéndose al antiguo modelo basado en Piscis, en el que la existencia de las personas estaba dictada por las creencias y dogmas de unos pocos.

De pronto caigo en la cuenta de que se ha elaborado un plan extremadamente ingenioso que ha de activarse en este momento. A cada alma se le ha confiado una pieza especial del rompecabezas que, al unirla con todas las demás, creará la totalidad de nuestro futuro. Sin embargo, para que esto pueda suceder, debemos aprender como especie a valorar e incentivar las contribuciones de cada persona, pues ninguna de las piezas es más importante que las demás. Puedo ver que este concepto es un verdadero reflejo de los ideales del quinto mundo del éter, donde todos los aspectos son aceptados y amados por igual por la Gran Madre.

"Pero, ¿a qué se debe que no todo el mundo quiera aprovechar este extraordinario momento de la historia?", pregunto, perpleja.

El maestro vuelve a inclinarse hacia adelante y traza unos números en la arena:

40 por ciento   40 por ciento   15 por ciento   5 por ciento

"A medida que avanzamos del cuarto al quinto mundo, el cambio sucede a través de la disolución y transformación de lo viejo. Pero, a pesar del don inherente del libre albedrío que posee la raza humana y de que muchas personas sienten que su vida es una lucha y desean un cambio, cuando se hace borrón y cuenta nueva y se ofrece una elección, el 40 por ciento de esas personas instantáneamente recrearán lo que ha sido borrado. Otro 40 por ciento, al no darse cuenta de que tienen opción, encontrarán que el vacío les presenta un reto excesivo para ellos e instantáneamente quedarán dormidos o inconscientes mentalmente y se mantendrán en este estado hasta que una fuente externa vuelva a despertarlos. El 15 por ciento de ellos quedarán confundidos y esa confusión se expresará en forma de irritación, frustración y desorientación, y el 5 por ciento entenderá y reconocerá la oportunidad de ir a la vanguardia y ser portadores de la luz de un nuevo ciclo creativo, tanto para ellos como para el mundo en general".

Sus palabras me hicieron darme cuenta de que a todos se nos ofrece la oportunidad de entrar en un agujero negro, una realidad desconocida y aparentemente caótica que nos exigirá que estemos dispuestos a cambiar de senda, cambiar nuestra frecuencia y aprender una melodía completamente nueva. "Pero, ¿por qué nos opondríamos al cambio si se nos ofrece algo mejor"? le pregunto a mi paciente maestro.

Me responde con un suspiro: "Cuando uno ha olvidado el dulce abrazo del yo inmortal, se aferra a sus posesiones —sean materiales, emocionales o mentales— como cabos de salvamento, aunque estas ataduras hayan dejado desde hace mucho tiempo de nutrir su alma y en la actualidad satisfagan únicamente a la personalidad. Es muy difícil entender que estos cambios no le vienen a uno desde fuera, sino que en general uno mismo es quien los dirige, inmerso en una mitología que le dice que hay un poder superior que le controla cada uno de sus movimientos. El ego es el que mantiene la separación, el alma es la que conoce la verdad y la divinidad es la que nos llama de vuelta a casa".

El maestro mira a lo lejos mientras los últimos rayos del Sol parecen incendiar el cielo, como augurio de los tiempos que se avecinan. "No niego que habrá desafíos cuando empecemos nuestro viaje de regreso al centro de la galaxia. Hay una parte importante de nosotros que disfruta su libertad y no le gusta la idea de que esté bajo el control de la inhalación o inspiración cósmica. Sin embargo, cuando prestamos atención a nuestros corazones, la verdad queda clara: es hora de volver a disolvernos en el océano de posibilidades para que podamos volver a lanzar nuestro hilo de pescar y traer a la existencia una era dorada de unidad y paz.

"Los pueblos antiguos sabían que esa época vendría y dejaron mensajes en clave para que los encontráramos. Estos mensajes estaban ocultos en los relatos mitológicos, canciones antiguas, poemas y sitios sagrados, especialmente los que emplean la geometría y la artesanía sagradas. Actualmente estamos presenciando un nuevo interés en todo lo que sea sagrado y misterioso, tanto así que incluso el mundo científico está dedicando a su estudio una importante cantidad de tiempo de investigación y dinero".

El maestro baja la mirada hacia la arena que acaba de apartar. "Sentí mucho orgullo al crear esa bella imagen, pero ese mismo orgullo no debería impedirme dejar que cada grano de arena volviera a su fuente. Nada es permanente. La disolución de nuestro actual estado de conciencia ya ha comenzado y se refleja en acontecimientos tanto naturales como creados por el hombre que tienen lugar en distintas partes del mundo. Esto nos hace desprendernos de ataduras enfermizas con el patrón antiguo y dar la bienvenida al espíritu de cooperación y compasión.

"Observa a los pájaros y otros animales alados —incluidos los delfines, que son las aves del océano— porque, a diferencia de los animales de cuatro patas, no están atados a la tierra. Están formando vínculos cada vez más estrechos con la raza humana, comunicándose directamente con nuestros espíritus y exhortándonos a extender nuestras alas etéreas y elevarnos por encima de cualquier falsa ilusión de limitación".

Mi mente se distrae con pensamientos relacionados con mi bello jardín, comúnmente visitado por colibríes, arrendajos azules y pinzones, mientras que en el cielo sobre nosotros los halcones de cola roja planean en las cálidas corrientes térmicas. Mis ojos se encuentran con los de mi compañero y cualquier separación entre nuestras almas desaparece en oleadas de dicha.

"El viaje al nuevo mundo pasa por el corazón de cada uno", dice. "Puede ser el corazón que se encuentra en el centro de la galaxia, en el núcleo de una célula, en el cuerpo de un niño curioso y aventurero o dentro del pecho de tu alegre colibrí. Recuerda celebrar cada momento, no des nada por sentado y déjate guiar por tu sabiduría interior".

Apenas alcanzo a escuchar sus últimas palabras debido a que me siento bañada por una gran ola de amor, que parece emanar de mi corazón pero al mismo tiempo parece fluir hacia él. Todo me resulta perfectamente claro y, por una vez, esta sensación de claridad no depende por completo de mi mente.

"Busca el conocimiento de episodios anteriores de grandes cambios que a menudo están ocultos en tu mitología", me aconseja. "Para los que no están iniciados, estos relatos culturales son meramente cuentos para niños, cuando en realidad fueron concebidos poéticamente por sus predecesores para despertar tu memoria latente cuando llegue el momento adecuado. Éste es el momento. Los símbolos contenidos en estos relatos están en resonancia con tu mente eterna y te despiertan a una verdad que va más allá de la comprensión de la mente lógica. Mientras que el intelecto busca una lista de cosas que hacer, el corazón se alimenta de toda la sabiduría que necesita. Cada mito cultural lleva dentro de sí frecuencias arquetípicas de conciencia representadas por las vidas de los dioses y diosas de esa cultura. Cuando compartimos con otros estas poderosas vibraciones, se nos revuelven las ascuas del alma, y recordamos.

"Estudia al mismo tiempo el arte de la alquimia, la ciencia de los místicos, pues estos grandes científicos sabían cómo transformar la conciencia básica de ignorancia en la conciencia dorada de la iluminación y la inmortalidad".

El maestro se pone de pie lentamente, sé que nuestro tiempo juntos está llegando a su fin. Añade: "Éste es el momento que has estado esperando. Para ti y para otros es difícil darse cuenta de la cantidad de preparación que debieron recibir para estar listos para esta encarnación en particular. Conocerás a muchos otros que se apuntaron para esta gran aventura. Juntos actuarán como conductos para traer a este planeta una nueva frecuencia de conciencia".

Con esto, la escena vívida desaparece. Vuelvo en mí después de una profunda meditación y, al abrir los ojos, veo la Vía Láctea en su sinuoso recorrido por el cielo nocturno sobre la Isla Grande de Hawai. En ese momento, sé que mi vida ha cambiado para siempre.

Este encuentro en el desierto tuvo lugar hace unos años. En retrospectiva, era evidente que yo tenía muy pocos indicios sobre dónde empezar mi búsqueda de patrones arquetípicos de transformación pero, como siempre ha sucedido en mi vida, las áreas que debo explorar han comenzado a perfilarse y las piezas del rompecabezas han ido cayendo naturalmente en su lugar.

A medida que profundizaba en mi estudio de la mitología, me fue quedando claro que si bien las personalidades de los personajes principales de distintos relatos son modificadas a menudo para dar cabida a la perspectiva cultural de una época particular, el significado profundo seguía siendo el mismo. El desmadejamiento del misterio me permitía ir al trasfondo de cada historia y tratar de extraer su esencia. Esa luz de sabiduría es lo que ahora ofrezco, con la esperanza de crear un agujero de gusano energético hacia la naturaleza multidimensional de nuestra existencia.

1

EL MITO DE LA CREACIÓN

Después de mi mágica velada en el desierto, emprendí la búsqueda de relatos mitológicos que me proporcionaran pistas sobre la forma en que los pueblos antiguos lidiaban con los desafíos y el caos que a menudo parecían acompañar a las épocas de transformación global. Me quedó claro, como había sugerido mi maestro, que gran parte del misterio estaba contenido en relatos acerca de los arquetipos de los dioses y diosas y que sus tribulaciones y triunfos eran muy similares a nuestros propios viajes hacia la iluminación espiritual.

Con todo, me resultó sorprendente descubrir que estos seres inmortales no sólo habían dejado pistas con respecto a la forma de sobrevivir ante el torbellino del cambio, sino que en realidad nos ofrecían la oportunidad de conocer la misma existencia eterna. Sus relatos contenían detalles específicos acerca de la extracción del elíxir de la vida o la ambrosía de los dioses, esencial para alcanzar la inmortalidad.

Pero también supe que, como sucede con todos los buenos secretos, el camino estaba cuidadosamente protegido y sólo era accesible a quienes consiguieran abrirse paso mediante la pureza del ser, el dominio de sus deseos y el distanciamiento de los resultados. Esto quedaba puesto de relieve por la siguiente admonición del Popol Vuh de los mayas: "La verdad se le oculta a quien la desea y la busca".[1] Y lo reafirmaba este texto del Evangelio según Tomás:

El conocimiento se le ha ocultado a quienes desean entrar . . .
Sean sencillos como palomas y astutos como serpientes[2]

La primera vez que leí estas palabras, me produjeron una resonancia que me recordó que, independientemente de mis ineptos intentos de controlar mi mundo, todo acontece exactamente como debe acontecer. Unos diez años antes de mi visita al reino superior del desierto del que obtuve un atisbo en mi meditación trascendental, me sentía fascinada por todo lo que tuviera que ver con los mayas. Había viajado por la Ruta Maya, había estudiado el calendario maya y me había metido de lleno en los secretos de las calaveras de cristal, que se asocian comúnmente con estos pueblos antiguos. Durante mis viajes conocí casualmente a un hombre que era dueño de un café en una zona remota de Belice. Mientras degustaba su café en numerosas ocasiones, me regaló innumerables crónicas que recogían los misterios en torno a los mayas antiguos. Incluso hoy conservo en mi mente algunas de sus descripciones:

> Los mayas son maestros de la ilusión, guardianes de los portales que dan paso al universo holográfico. Los mayas de la antigüedad colocaron cerraduras espaciotemporales en estas puertas para que sólo las pudieran abrir quienes hubieran alcanzado un nivel de conciencia que garantizara un uso sabio y respetuoso de lo que se revelara. Lo que los arqueólogos y los medios de difusión llaman "descubrimiento" no es más que la apertura de un portal en el momento en que la humanidad llega a un nivel de conciencia que haga honor al enigma sagrado de los dioses.
>
> Además, los mayas ocultaban sus preciosos artefactos en lugares que incluso hoy suelen ser considerados insignificantes y pasados por alto, por ejemplo, en un pedazo de tierra sin cultivar. Al mismo tiempo, indicaban la existencia de portales hacia el mundo místico de los mayas dejando algunos elementos sin terminar, rotos o fuera de lugar. Por eso es que, a pesar de la destreza de los maestros artesanos

que construyeron la magnífica tumba del señor Pakal, en Palenque, México, un extremo de la tapa del sarcófago está dañado. Para los mayas, las coincidencias no existen y todo tiene un propósito, lo que nos ofrece un punto focal que nos hace abandonar los reinos de la ilusión y entrar en nuestra realidad multidimensional.

Hoy en día, siempre que viajo a cualquier lugar tengo presentes estas enseñanzas y recuerdo muchas ocasiones en las que me he sentido profundamente transportada hacia las antiguas tradiciones de una cultura al no seguir los caminos turísticos o al no coincidir con la explicación moderna de los arqueólogos sobre los sitios sagrados. En lugar de ello, confiaba en mi propia orientación intuitiva. Teniendo esto presente, la exploración de los misterios que se exponen en las páginas siguientes busca abrir portales similares hacia la Gran Madre para que también podamos ver más allá de la ilusión y las sombras y conocernos a plenitud como seres eternos de luz.

EL ENCUENTRO CON LA MADRE

Resulta natural comenzar nuestro viaje en el "lugar" que existe antes de la separación entre masculino y femenino a partir del que todo nace y al que todo volverá. En distintos lugares del mundo este lugar ha sido descrito con términos como luz, Dios, la fuente o la Gran Madre —una energía que lo incluye todo sin diferenciación. En los términos actuales, ha sido descrito como el universo holográfico, el vacío o la nada, que abarca todo lo que ha existido y lo que existirá en el ahora esencial.

Desafortunadamente, a menudo resulta difícil que nuestras pequeñas mentes asimilen esta inmensidad sin límites, lo que nos hace tratar de hallar definiciones en términos de tamaño y función que desembocan en nuestra visión personalizada de Dios. Esta propensión a verlo todo a través de nuestra propia óptica es precisamente la razón por la que se dice que no debemos pronunciar el nombre de Dios pues, al hacerlo, limitamos inmediatamente su existencia. De modo similar, nuestra tendencia a verlo todo desde un punto de vista objetivo en relación con nosotros mismos nos hace externalizar esta energía abarcadora y percibir así a Dios como un ente separado de nosotros. En verdad, existimos dentro de la unicidad, en la que al mismo tiempo ejercemos y recibimos influencia de cada una de las frecuencias de vida que se conectan con esta fuente eterna.

De los mitos antiguos nos llega además la revelación de que la Gran Madre genera su propio nacimiento, la Inmaculada Concepción, y se le da en llamar el océano de posibilidades, el mar de leche, la Madre y, en términos modernos, el quantum plenum o el espacio fásico. Para el alquimista, la madre es "la Cosa Única", que se considera sinónimo del alma, la imaginación o el inconsciente colectivo.

En la mitología mundial aparece indistintamente como Deméter para los griegos, Lakshmi para los hindúes, Tara para los indios y tibetanos, Kwan Yin para los budistas, Nu Kua para los chinos, Cibeles para los turcos antiguos, Diana para los romanos, Freya para los europeos del norte, Astarté para los pueblos antiguos del Oriente Medio, Isis y Hathor para los egipcios, Inanna para los sumerios y María para los cristianos, por sólo nombrar unas pocas.

De los tres aspectos de la Diosa Triple, la Madre es probablemente el más conocido y aceptado en la mayoría de las culturas; es vista como sustentadora y proveedora para otros, pertrechándolos desde su abundante océanos de posibilidades. Representada comúnmente como una mujer de grandes senos, su personificación, como hemos mencionado, era la diosa Diana (Artemisa, para los griegos), con todo su torso cubierto de senos. Su nombre se traduce como Di-Ana (Dina), o "abuela de Dios". Hace dos mil años, Diana tenía numerosos seguidores en todas las tierras circundantes del Mediterráneo; se le construyó un magnífico templo en su honor en Éfeso, en lo que hoy se conoce como Turquía.

No obstante, cuando el cristianismo se difundió por esta zona, estos sitios sagrados de veneración fueron o destruidos o transformados en iglesias dedicadas a la Madre María. Di-Ana quedó entonces reducida a Ana, la abuela de Jesucristo. Pero la veneración de la diosa Diana aún

Hathor, la vaca celestial

vive en el Festival de las Velas, que se realiza en su honor el 15 de agosto de cada año en distintos lugares de Europa y simboliza su promesa de vida eterna para quienes siguen su amoroso ejemplo. Resulta interesante observar que actualmente esa misma fecha se vincula con la celebración de la Iglesia Cristiana de la Asunción de María, en la que esencialmente el mensaje es el mismo.

En otras culturas, encontramos que la Madre es representada por un animal con cuernos y muchos pezones, como la vaca. Esta representación da lugar a un emblema popular del aspecto Materno llamado el cuerno de la abundancia o cornucopia, del cual provienen los frutos de la tierra.

En el hinduismo, el aspecto Materno de Kali se simboliza con una vaca-luna, de cuernos blancos y productora de abundante leche, mientras que en Egipto, Hathor, la Madre de todos los dioses y diosas, se representa comúnmente con cuernos de vaca y ofreciendo sus senos con las dos manos. La alta estima que se le profesaba a Hathor en la cultura egipcia proviene de su representación como una vaca celestial de cuyas ubres brota la Vía Láctea y que cada día da a luz al dios sol Horus-Ra, su becerro de oro.

Así pues, no debe sorprender el hecho de que, tras abandonar la tierra donde la diosa Hathor era honrada como fuente del sustento continuo, los israelitas aprovecharan para derretir el oro y crear un becerro del metal precioso mientras Moisés se encontraba recibiendo los Diez Mandamientos.

Este mismo tema de la Madre representada como proveedora de leche dio lugar al surgimiento del nombre "Italia", que significa "tierra del becerro", lo que da a entender que provino del vientre de la Diosa. Incluso mitos más antiguos del Japón, el Oriente Medio y la India hablan de que el universo cuajó en su forma actual a partir de la leche de vaca, lo que nos lleva al mito hindú sobre la creación conocido como Samudra Manthan (la agitación del mar de leche), que abordaremos más adelante.[3]

Un último ejemplo de la energía de la Madre es la diosa griega Deméter (Ceres, para los romanos), que era la deidad de la agricultura y de la cosecha, hermana de Zeus y madre de Perséfone. Su nombre proviene de la letra griega *delta,* que significa "triángulo" y *meter,* que significa "madre". Ambos elementos en conjunto representan el yoni, o vulva, de la Gran Madre, lo que le garantiza una posición importante entre las deidades de la cultura griega. Como hija de Cronos y Rea (también una diosa madre), les enseñó a los humanos cómo sembrar y arar campos, con lo que puso fin a su existencia nómada y les permitió crear las primeras sociedades planificadas.

Los símbolos de Deméter son una espiga de trigo con muchas semillas, la cornucopia y un hacha doble de oro. Entre sus animales simbólicos se incluyen el cerdo, el dragón, la serpiente y la tórtola, todos los cuales están vinculados con otras deidades femeninas poderosas. Como veremos más adelante, Deméter es más conocida por su duelo después que su hija fue raptada y llevada al inframundo y después de la creación de los misterios eleusinos, que nos hablan de los pasos místicos que se pueden dar para alcanzar la inmortalidad.

A pesar de una creencia a veces ilusa de que la Madre es un ser benigno cuyos generosos dones simplemente existen para producirnos

Deméter, diosa de la agricultura y la cosecha

placer, es importante que comprendamos que ella representa la fuerza creativa. Cada minúscula gota de su océano está constante y dinámicamente lista, siempre interactuando con cada una de las otras gotitas de creatividad. La Madre es quien proporciona la energía en la que se apoya cada forma manifiesta que vemos en el mundo y esa energía es la que hace que las briznas de hierba tiemblen con el viento y que la lava hirviente fluya desde los volcanes. Todos nuestros pensamientos y acciones están motivados por sus poderosa expresión en forma de emociones que, como todos sabemos, pueden cambiar en un instante, transformando dramáticamente cualquier resultado. Ése es el rostro de la diosa Shakti de los hindúes, cuya presencia como Madre es caótica y enérgica. Ella es quien representa esta fuerza de creación y, sin ella, incluso la atención más focalizada en nuestros sueños y aspiraciones no es nada.

La Madre exige un intercambio continuo de energía con todos los que se atreven a lanzar a sus aguas su cuerda de pescar del deseo, advirtiéndoles que no hay vuelta atrás una vez que coman de la fruta del bien y del mal[4] y conozcan la dualidad de la vida. A partir de ese momento, estamos atados a ciclos de vida que dan forma física a las simientes no manifiestas de la Madre y luego devuelven la esencia de esa forma a su océano eternamente cambiante.

Así es como vienen a surgir las otras dos caras de la Diosa Triple, una que representa sus facultades creativas como Virgen y otra que representa su energía destructiva como Arpía. Junto con la Madre, crean la Trinidad femenina.

A través de sus distintos aspectos, la Madre mantiene su fecundidad, con lo que nos proporciona abundantes oportunidades de convertir el espíritu en materia y luego obtiene su propio sustento de las perlas de sabiduría que provienen de nuestras experiencias.

La Diosa Triple

La sabiduría tradicional nos dice que la Diosa Triple era venerada incluso desde el año 25.000 a.C. Sólo en los últimos dos mil años, con el patriarcado, es que se ha desacreditado a la Diosa y todo lo vinculado con lo femenino (la intuición, las emociones y los ciclos rítmicos). Pero esas cualidades son esenciales para el viaje del alma de cada uno de nosotros, sin importar si somos mujeres u hombres.

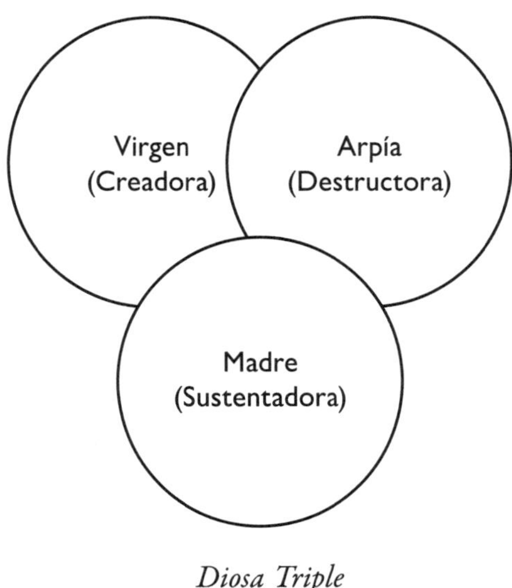

Diosa Triple

La intuición mantiene la conexión con nuestro plano esquemático del alma.

Las emociones actúan como la fuerza en la que se basan toda la creatividad y la transformación.

Los ciclos impiden el estancamiento y garantizan el crecimiento continuo mediante las oportunidades de muerte y renacimiento.

Incluso un estudio superficial del último milenio revela el alcance de esta desigualdad. De aproximadamente cincuenta mil a cien mil personas que fueron asesinadas entre los años 1400 y 1700 d.C. en las cacerías de brujas europeas, la mayoría de estas víctimas eran mujeres.[5] Pero en la lista también había hombres cuya espiritualidad no estaba en consonancia con los dogmas de la Iglesia Católica en aquella época. Estas persecuciones se debieron a distintos factores, muchos de los cuales se basaban en la irracionalidad y el miedo, pero alimentaban el mito de que las mujeres y sus misterios eran los causantes de la desarmonía, fuese en el hogar, en la comunidad o incluso en otro extremo del mundo.

En los últimos cincuenta años se han dado grandes pasos para corregir estos desequilibrios. Gracias a la atención de los medios de información e Internet, se observa cada vez más el importante papel que desempeñan las mujeres dentro de la sociedad; muchas incongruencias se están subsanando en este sentido, en forma lenta pero segura. Estos cambios guardan una relación directa con la forma en que tanto hombres como mujeres aceptan su propia feminidad interna, cuestión que representa para algunos un reto intimidante.

La Diosa Triple en la mitología

En distintos textos tradicionales se encuentran distintas representaciones de esta Diosa Triple, en los que aparece indistintamente como Parvati-Durga-Uma (Kali) en la tradición hindú, Ana-Babd-Macha (la Morrigan) en Irlanda y Hebe-Hera-Hécate en Grecia. Los tres aspectos de la Diosa Triple se encuentran expresados en Ginebra en la leyenda del

Rey Arturo, como la Diana Triformis de los druidas y como las Parcas para los romanos.

En la antigua ciudad de Glastonbury, Inglaterra, la imagen de la Diosa Triple queda revelada naturalmente en el paisaje[6]: La colina Wearyall, de suaves laderas, es considerada una de sus piernas estiradas; el pozo del Cáliz, su vientre preñado; y el famoso Tor, su seno izquierdo. Esta resplandeciente colina cubierta de prados, que se ve desde muchas millas de distancia, contiene marcas de un laberinto cretense tridimensional, señal segura de que el Tor se consideraba como un portal sagrado al inframundo, el hogar de la Arpía.

Bajo el vientre de la Diosa se encuentran las ruinas de la Abadía de Glastonbury. Con sus líneas rectas y sus torres, su diseño contrasta fuertemente con las curvas y la fluidez del paisaje circundante y refleja la influencia patriarcal presente en el siglo XIII durante su construcción. Pero debajo de la estructura principal de la abadía se encuentran las ruinas, más antiguas, de lo que se conoce como la Capilla de María o de la Señora, que está dedicada a la Virgen y cuya construcción se basa en el principio de los círculos, representando las proporciones perfectas de una *vesica piscis*. Esta hermosa capilla hace honor al yoni o vulva de la Diosa, lo que simboliza el portal desde el cual nacemos y a través del cual regresaremos a la larga hasta completar el ciclo de la creatividad y la realización.

Hay por último otra representación de la diosa en Glastonbury, marcada por una pequeña colina denominada montículo de Santa Bride, que se encontró en Beckery, al oeste de la ciudad propiamente dicha. Se entiende que esta simple elevación en el paisaje simboliza la cabeza de un bebé que aparece entre las piernas de la Virgen. Desde el punto de vista metafísico, representa también la cabeza del rey-héroe completamente evolucionado quien, como amante, está dispuesto a volver a hundirse en la vagina de la Arpía para terminar su periplo.

A pesar de que esta tierra es de propiedad privada, que no está reconocida como sitio sagrado y que se encuentra detrás de unas alcantarillas en desuso, fue en su momento la puerta a la isla mística de

El Tor de Glastonbury

Avalón. De este lugar antiguo, que simboliza rituales y celebraciones relacionados con la muerte y el renacimiento, emana una energía etérea que hace muy fino el velo entre distintos mundos y donde se facilita el acceso a las otras dimensiones. En el pasado, Avalón era verdaderamente una isla, donde las aguas acariciaban suavemente sus verdes praderas. El montículo de Santa Bride, situado a la orilla del río, simbolizaba la terminación de un peregrinaje físico y el comienzo de un peregrinaje

Las brumas de Avalón

espiritual. Aquí, los viajeros eran preparados por las doncellas de Santa Bride para que ingresaran en su propio inframundo antes de cruzar el agua en bote para alcanzar su destino.

El hecho de que los sitios sagrados en Glastonbury hayan recibido una conservación desigual es un fenómeno típico de muchos lugares como este en distintas partes del mundo. Algunos han tenido mejor suerte que otros. No obstante, la situación está cambiando a medida que personas de uno y otro género reconocen la necesidad de restablecer el equilibrio sagrado entre lo masculino y lo femenino y encuentran así la unión espiritual dentro de sí mismos.

EL NACIMIENTO DE LA MENTE ÚNICA: LO MASCULINO

A partir del aspecto Materno de la Diosa Triple, la Cosa Única, los mitos antiguos de la creación nos hablan del nacimiento de su consorte o equivalente masculino, que los alquimistas conocen como la Mente Única. Esto representa la perspectiva para crear, la fuente de la atención, el rumbo y el discernimiento, es decir, la mente consciente sin la cual la fuerza creativa femenina permanecería en su forma amorfa.

En conjunto, la *fuerza* creativa femenina y esta *perspectiva* dan lugar a la *intención:*

FUERZA + PERSPECTIVA = INTENCIÓN

Una analogía útil es que, cuando decidimos preparar una comida, los ingredientes, incluidos el horno caliente, representan la *fuerza* o energía femeninas, mientras que la *perspectiva* masculina es la que decide cuál será la receta empleada y termina por traer la comida a la mesa. Conjuntamente, crean nuestro concepto de la realidad.

Cuando la perspectiva y la realidad se alinean, llamamos a esto *sincronía* y lo reconocemos como una parte del viaje hacia la experiencia de la unicidad, especialmente cuando el resultado es positivo. Sin embargo, cuando el mismo proceso de combinar fuerza y perspectiva produce como resultado una situación percibida como negativa, no es raro escuchar una negación desafiante de cualquier conexión entre el pensador y su manifestación. La mayoría de las personas prefieren ver el resultado como una mera coincidencia.

En el ámbito de la creatividad, no podemos escoger selectivamente lo que estamos dispuestos a reconocer como nuestro. Todo lo que nos hace tener una reacción emocional refleja una parte de nuestro propio plano esquemático espiritual. Esto se basa en el entendimiento de que nuestro propósito en la Tierra consiste en expresar plenamente como forma nuestro aspecto singular de la Gran Madre para que ella pueda conocerse a sí misma a través de nosotros. Por ese motivo, al abrirnos paso por el mundo, proyectamos hacia el entorno nuestro plano energético. Naturalmente, esto atrae a personas y situaciones que producen la manifestación del plano esquemático. Esta Ley de la Atracción no se deriva de la intención basada en la voluntad, sino de la innegable intención del alma, lo que nos hace recibir lo que necesitamos, en lugar de lo que deseamos.

Cuando nuestras emociones y sentidos son activados por algo agradable, reconocemos la parte del yo que se ve reflejada en la situación y experimentamos una resonancia positiva. No obstante, a menudo estamos menos dispuestos a ser responsables de nuestras creaciones cuando la forma que se manifiesta nos hace sentirnos enojados, a la defensiva, irritados y temerosos. En este caso, hay una gran tendencia a negar la conexión y a emitir juicios sobre la situación o persona que nos ofende. Pero lo que juzgamos en otros es lo que tememos que encontrar en nosotros mismos.

Gústenos o no nos guste, lo que nos pertenece no desaparece, pues está a la espera de su integración y, en este momento específico, hemos acumulado veintiséis mil años de creaciones nuestras que esperan ser recordadas. De hecho, el camino a la inmortalidad nos pide que enfrentemos y reconozcamos todos los aspectos de nuestro ser hasta que podamos erguirnos plenamente radiantes en nuestro cuerpo luminoso, hasta que la forma física deje de ocultar su esplendor.

En resumen, hay dos energías arquetípicas primarias, que reciben distintos nombres, de las que nace toda la creación y a partir de las cuales nuestros sueños llegarán a la postre a alcanzar la manifestación.

Cosa Única + Mente Única
Madre Divina/Diosa + Padre Divino/Dios
Alma + Espíritu
Caos + Estructura
Emoción + Lógica
Fuerza para crear + Perspectiva para crear
Poder + Propósito

En el mundo de la dualidad ambos aspectos tienen igual importancia y cada uno influye en todo lo que hacemos. La cara masculina hace que nuestro mundo tenga estructura y estabilidad, principalmente a través de normas, leyes y creencias, mientras que la cara femenina le proporciona movimiento y oportunidad, fundamentalmente por medio de la creatividad, la inspiración y la intuición. Surgen problemas cuando se da preferencia a un aspecto sobre el otro, pues esto hace que el aspecto suprimido se insubordine para poder restablecer la posición que le corresponde por derecho propio.

Cuando el mundo se vuelve excesivamente estructurado y le falta espontaneidad y crecimiento, la cara femenina aporta perturbación, que sacude el statu quo y ofrece nuevas perspectivas desde los reinos de la imaginación. De modo similar, cuando cunden el caos o la confusión, surgen situaciones que nos obligan a tomar decisiones o establecer prioridades, con lo que el orden masculino se impone sobre el caos.

RELACIÓN ADECUADA

Una circulación constante de energía entre los principios masculino y femenino es la fuerza que crea relaciones sanas y mutuamente gratificantes en las que se respetan y reconocen todos los aspectos.

La Constitución Iroquesa

Muchas tradiciones antiguas se valían de su comprensión de estas distintas fuerzas femenina y masculina para crear sociedades pacíficas, justas y prósperas. Seleccionaban a mujeres como representantes de la Diosa Madre para traer al mundo la inspiración creativa y la sabiduría intuitiva, y a hombres como gobernantes que pudieran convertir en realidad estas visiones a través de su fuerza práctica. La Constitución Iroquesa, que sirvió de base para la Constitución de los Estados Unidos de América,[7] incluso declaraba que los jefes serían elegidos por las mujeres de la tribu, pues se creía que sólo las mujeres eran capaces de decidir desinteresadamente lo que era mejor para su gente. ¡Imagínese la transformación que hoy ocurriría en el mundo entero si las mujeres fueran las únicas que tuvieran derecho al voto!

Si nos adentramos más en la narrativa en que se basa la gestación de la Constitución Iroquesa y su Gran Ley de Paz, Kaianeraserakowa, encontramos a Jikonsahseh, una mujer que, a pesar de su neutralidad, vende provisiones a las facciones beligerantes. No es sino cuando el "conciliador" Deganawidah le demuestra que su comercio contribuye de hecho a las matanzas que ella decide "vender" un mensaje de paz, en lugar de un mensaje de guerra. Conocida como la "madre de las naciones", se le otorga la posición de ser una de las madres de los clanes originales, encargadas de la decisión de elegir y destituir a los jefes. Deganawidah creía que únicamente las mujeres son quienes conocen el corazón de los hombres, quienes están conectadas con la abundancia de la Tierra y quienes conocen el dolor de enterrar a sus seres queridos, incluidos los niños a quienes han dado el pecho.

Según esta constitución, sólo las mujeres tienen la sabiduría necesaria para determinar si alguna batalla o guerra valen su costo en vidas humanas. Recientemente esta verdad ha sido ratificada varias veces en distintas partes del mundo donde se ha establecido la paz gracias a mujeres que se han unido desde extremos opuestos, movidas por un amor inherente que no tiene restricciones y en el que todos los colores, credos y religiones son aceptados como parte de la Gran Madre.

Como dice Jean Reddemann, un sabio maestro aborigen norteamericano: "Se ha profetizado que vendrán mil años de paz cuando las mujeres hayan sanado sus corazones".

Nace el ego

A medida que continúa el mito de la creación, nos enteramos de que la Mente Única y la Cosa Única expresan su amor insuflándose vida una a la otra, hasta crear una vesica piscis, de la cual nace el ego, la luz creativa de la manifestación.

Esta vesica piscis, una figura geométrica sagrada, proporciona una puerta de entrada a nuevos estados de conciencia porque el ego, un hijo

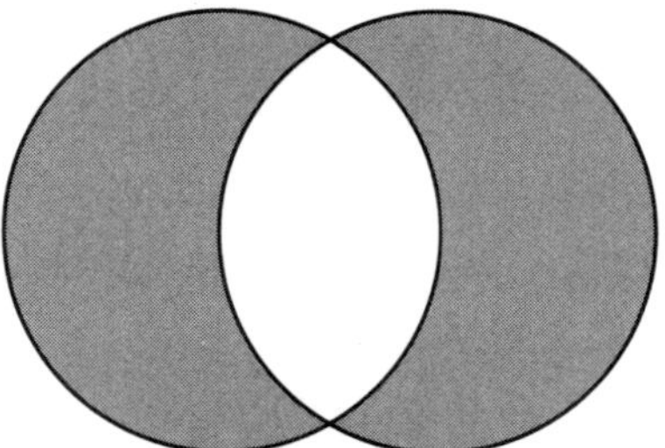

Vesica piscis

divino nacido a través del poder del amor, está destinado a modificar la conciencia de sus padres, pues contiene los dos aspectos de sus progenitores: el espíritu masculino y el alma femenina. El primero mantiene la perspectiva y el rumbo, mientras que el segundo ofrece todos los ingredientes energizados que permiten la realización del objetivo.

Sin ego no puede haber viaje espiritual, pues:

Es a través del crecimiento y desarrollo del ego
que la energía se transforma en materia, hasta crear lo que
percibimos como realidad
¡Es a través de la disposición del ego a morir
que la esencia de la experiencia es devuelta a la fuente,
recordándonos que en realidad nada importa!

Este ciclo entre espíritu y materia o cielo y tierra se conoce también como el mito del héroe, en el que el ego pasa por varias fases de evolución y disolución, asumiendo distintos papeles al entrar y salir del océano de posibilidades de la Gran Madre. El equilibrio íntimo entre lo masculino (la perspectiva para crear) y lo femenino (la fuerza para crear) y su relación con los signos del zodíaco puede expresarse de la manera siguiente:

- **Virgen:** la simiente del potencial, nuestro plano esquemático creativo **(Piscis)**
- **Puer:** el niño inocente, inexperto, pero ansioso por aprender **(Aries)**

- **Madre:** sustento y apoyo para el viaje **(Tauro)**
- **Héroe:** asimilación de la naturaleza doble de la conciencia, física y espiritual **(Géminis)**
- **Arpía:** conocimiento y aceptación de las contraimágenes de nuestra existencia **(Cáncer)**
- **Rey:** coronación y plena expresión de nuestro plano esquemático **(Leo)**
- **Virgen/Diosa Triple:** introspección y contemplación **(Virgo)**
- **Amante:** compasión, equidad, razón y autodisciplina **(Libra)**
- **Arpía/Diosa Triple:** aceptación de las riquezas interiores **(Escorpio)**
- **Sabio:** sabiduría, verdad y percepción, basadas en el distanciamiento de la forma **(Sagitario)**
- **Diosa Triple:** transformación de la materia en esencia pura **(Capricornio)**
- **Mago:** portador de la vara mágica, transformista, chamán, alguien que vive en los dos mundos **(Acuario)**
- **Gran Madre:** La nada, el comienzo y el fin **(Piscis)**

Números sagrados de la creatividad

El surgimiento de todo a partir de la Gran Madre —a quien todo volverá a la larga— se expresa en una secuencia llamada números de Fibonacci, que se cree es el fundamento del éxito de toda empresa creativa. Cada número, excepto el primero, se produce a partir de la adición de los dos precedentes:

1 1 2 3 5 8 13 21 34 55 89...

Se ha concluido que la relación entre estos números arroja como resultado la llamada "media áurea", según la cual cada uno de estos números es 0,618 veces más grande que el número anterior, llegando hasta el infinito. También se conoce como Razón Áurea o Razón Dorada. Esta ecuación matemática fundamental para referirse a la evolución creativa se expresa en fenómenos naturales, como la distribución de semillas en un girasol. Estas semillas están dispuestas en espirales logarítmicas que fluyen desde el centro en ambas direcciones. Si contamos las semillas a lo largo de las espirales a favor y en contra de las manecillas del reloj, encontraremos que los totales representan dos números sucesivos en la sucesión de Fibonacci, por ejemplo, 34 y 55 semillas. Esta espiral de oro se percibe en formas naturales como las placas escamosas de la piña, las semillas de un piñón y la posición de las ramas alrededor del tronco de un árbol, por apenas mencionar algunos ejemplos. Se cree que la naturaleza reconoce que la espiral de oro no es sólo agradable a la vista, sino que ofrece cantidad sin sacrificar la calidad.

Cuando examinamos nuestra comprensión actual del mito de la creación, vemos que también sigue este antiguo sistema:

- En el principio es la Gran Madre: **1**
- Se genera a sí misma, la Cosa Única: **1**
- La Cosa Única genera la Mente Única: **2**
- Juntas, crean el ego: **3**
- Del ego salen las cinco fases de la manifestación (Aries a Leo): **5**
- Éstas son seguidas por las fases de la destrucción a la transformación (Aries a Escorpio): **8**
- Conjuntamente, estas fases representan el ciclo completo de la creatividad a través de la muerte y el renacimiento (Aries a Aries): **13**

Estos últimos tres números (5, 8, 13) representan los distintos niveles de iniciación por los que debemos pasar si deseamos alcanzar la meta ulterior de la inmortalidad. Estos números tienen una fuerte correlación el despertar no sólo de los siete chakras que todos conocemos sino, en última instancia, de los doce chakras, algunos de los cuales irradian más allá de la forma física. De este modo, el 5 y el pentagrama representan el cambio que tiene lugar cuando dominamos y sintetizamos los cuatro elementos para que el espíritu pueda salir de los confines de una existencia puramente material. (En astrología, va de Aries a Leo.)

El número 8, el octágono, representa el número de notas de una octava y simboliza la integración del espíritu y la materia, la inhalación (inspiración) y la exhalación (expiración), lo que lleva a la extracción de la conciencia de luz. (En astrología, va de Aries a Escorpio.)

El número 13, el de la transformación, representa la culminación y muerte de los 12 con el renacimiento del 1, cuando la serpiente muerde su propia cola —el Uróboros. Una vez que comprendemos la naturaleza esotérica de estos ciclos, no es difícil imaginar por qué el 13 siempre ha sido representado como un número de mala suerte por quienes desean usar el poder sobre los demás. Pero, cuando reconocemos que el 13 es un número propicio, recordamos que somos ante todo inmortales y que no necesitamos una autoridad externa que nos proporcione integridad. (En astrología, va de Aries a Aries.)

A medida que el viaje se desdobla, vemos con claridad que de nuestro propio proceso creativo sigue las proporciones exactas de la geometría y las matemáticas sagradas y que todo es perfecto a pesar de nuestra perspectiva de la vida, a menudo limitada y subjetiva.

La naturaleza esencial de la dualidad

Antes de profundizar más en el viaje del héroe, debemos aprender a valorar la importancia de los ciclos en nuestras vidas y la forma en que revelan la compleja danza entre dos polos opuestos de la existencia y la dualidad en que vivimos. Cada vez más, nos encontramos a personas que desean eliminar la dualidad para poder hacer suyo el campo unificado, sin empezar por preguntarse por qué se creó ese concepto.

Recordemos que el nuevo mundo del éter representa una fusión de dos polaridades en la que ambas son aceptadas y necesarias por igual y que a través del matrimonio sagrado de los opuestos es que generamos la luz necesaria para llegar a una vida eterna. Los que promueven la unión sin empezar por aceptar sus propias sombras no sólo están tratando de encontrar un atajo espiritual, sino que en última instancia pueden traer destrucción para sí mismos y para otros mientras sus elementos desconectados buscan atención y aceptación dentro de sus corazones.

A través de nuestra capacidad de dominar y aceptar estas fuerzas opuestas es que ocurre el crecimiento espiritual, en el que cada aspecto busca no sólo su propia consumación sino la de su compañero, por medio de un proceso continuo de toma y daca. Esta exquisita interacción de energías se refleja mensualmente en los ciclos de la Luna y está grabada en los mensajes de los mitos y leyendas que nos han legado nuestros antepasados.

2

LOS RITMOS DE LA LUNA

A pesar del "gran salto para la humanidad" que dimos en 1969 al llevar seres humanos a la Luna, aún nos queda mucho por saber o entender sobre los misterios de ese cuerpo celeste. Aunque a menudo se la representa con naturaleza femenina, quizás le sorprenda enterarse de que un estudio de la historia mundial revela que se ha venerado simultáneamente a dioses y diosas de la Luna. De hecho, en muchas culturas tempranas no era la diosa sino el dios de la Luna quien confería fertilidad y sustento. En esas culturas, las mujeres y los agricultores oraban a esta deidad para que les concediera una abundancia fructífera.

No fue sino hasta la transición de la veneración de la Luna a la del Sol, hace aproximadamente tres mil años, que surgió diferenciadamente una diosa de la Luna. Pero, como los sacerdotes de aquella época estaban ansiosos por distanciarse de cualquier elemento femenino, la representaban como una temible diosa de la muerte, con lo que ignoraban su belleza y sus ritmos naturales. Así es como surge la diosa griega Artemisa, representada como una cazadora despiadada que lleva su arco (el cuarto creciente) y va acompañada de sus fieles perros de caza. Este mismo estereotipo se repite en la mitología mexicana, donde se ve a la diosa de la Luna como un demonio que recorre los cielos nocturnos en busca de víctimas que devorar. De hecho, hasta el día de hoy muchas tradiciones funerarias incluyen la práctica de adornar a los fallecidos con amuletos en forma de cuarto creciente, con la esperanza de que la diosa de la Luna los favorezca al comenzar su travesía por el proceso de la muerte.

Más recientemente ha habido una tendencia a ver la influencia de la Luna principalmente a través de la óptica de las emociones acuosas. Pero se pudiera decir que la acompañante constante de la Tierra nos programa de hecho con mensajes mucho más profundos que nos alientan a valorar los ciclos del crecimiento y la transformación; a honrar la muerte y el renacimiento; a desarrollar relaciones sanas e interdependientes; y a recordar nuestra naturaleza eterna.

CICLOS DE LA LUNA

Son pocos los que nunca se han sentido impresionados por las caras cambiantes de la Luna en el cielo nocturno, incluso en los entornos donde hay mayor contaminación lumínica. Sin embargo, fuera de las culturas tradicionales, rara vez se enseña que cada fase de la Luna representa una etapa distinta del viaje del héroe hacia la iluminación espiritual.

Cada mes la energía de la Luna nos ayuda a plantar semillas de inspiración, celebrar nuestros éxitos, cosechar y absorber los frutos de nuestros esfuerzos y permitir que lo viejo muera al fin para que pueda nacer lo nuevo. Si planificáramos nuestras vidas de forma que correspondiera con

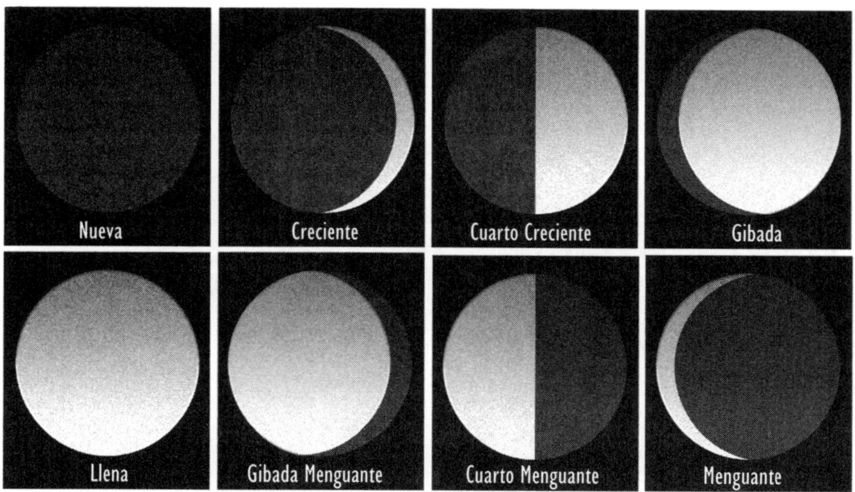

Fases de la Luna

las características específicas de cada fase de la Luna, encontraríamos que la vida fluiría con mucha mayor facilidad.

Las fases de la Luna se describen de las maneras siguientes:

FASE DE LUNA NUEVA:
HASTA 3,5 DÍAS DESPUÉS DE LA LUNA NUEVA

Impulso: germinar y brotar

Arquetipo: puer (como se indicó anteriormente, el niño inocente que es inexperto pero está deseoso de aprender)

Acción: Es una época de plantar nuevas semillas de inspiración. Aunque la manifestación final de estas semillas puede no estar clara, habrá un impulso instintivo a estimular estas ideas para que puedan llegar a ver la luz del día.

FASE DE LUNA CRECIENTE (LUNA NUEVA VISIBLE):
DE 3,5 A 7 DÍAS DESPUÉS DE LA LUNA NUEVA

Impulso: avanzar mediante el uso de la perspectiva

Arquetipo: de puer a héroe

Acción: Mientras persiste el deseo de salir hacia la luz, suele haber desde adentro una fuerza opuesta que busca la seguridad y la comodidad de lo conocido. A través de la atención focalizada llegamos a reconocer que cualquier lucha, sea interna o externa, es meramente un medio de fortalecer nuestra resolución espiritual.

FASE DE CUARTO CRECIENTE:
7 A 10,5 DÍAS DESPUÉS DE LA LUNA NUEVA

Impulso: construir y decidir

Arquetipo: héroe

Acción: Ahora hay una fuerte determinación por definir nuestras metas y nuestra autoindividuación, con lo que los viejos patrones de miedo, denegación y limitación se "sublevan" y exigen ser reconocidos para que podamos hacer elecciones importantes con respecto al futuro.

FASE DE LUNA GIBADA:

10,5 A 14 DÍAS DESPUÉS DE LA LUNA NUEVA

Impulso: mejorar y perfeccionar

Arquetipo: de héroe a rey

Acción: Éste es un momento de autorreflexión y autoevaluación que nos permite refinar y producir la flor perfecta. Es inevitable que surjan también la inseguridad y la autocrítica pero, con objetividad, esto sólo debería mejorar el resultado final.

FASE DE LUNA LLENA:

15 A 18,5 DÍAS DESPUÉS DE LA LUNA NUEVA

Impulso: buscar conscientemente la integración y lograr la realización

Arquetipo: rey

Acción: Es un momento de celebración en el que todos pueden ver el florecer total del éxito. Pero las festividades pueden demorarse si seguimos buscando una relación, un efecto o un resultado perfectos sin darnos cuenta de que todo existe en perfección dentro de nosotros. La Luna llena nos hace vernos en nuestra verdadera luz.

FASE GIBADA MENGUANTE:

3,5 A 7 DÍAS DESPUÉS DE LA LUNA NUEVA

Impulso: distribuir y transmitir

Arquetipo: amante

Acción: Ahora se nos da la oportunidad de compartir nuestras experiencias con otros, de modo que lo que era relativamente externo queda incorporado en la realidad. Ahora tenemos que demostrar nuestras palabras con acciones y darnos cuenta de que hay una diferencia fundamental entre el éxito y la realización.

ÚLTIMA FASE LUNAR O FASE DE CUARTO MENGUANTE:

7 A 10,5 DÍAS DESPUÉS DE LA LUNA NUEVA

Impulso: revisar y reevaluar

Arquetipo: sabio

Acción: Ésta es una de las fases más difíciles: Se nos pide que nos fermentemos en las energías más profundas y oscuras que rodean a nuestras creaciones. La vergüenza, los temores y las viejas creencias salen a la superficie para que los reconozcamos y evaluemos junto con las máscaras y velos redundantes. Es un momento de absorber la esencia de nuestras experiencias y desprendernos de la narrativa. No es una buena ocasión para comenzar algo nuevo.

FASE DE LUNA MENGUANTE (LUNA VIEJA):
10,5 DÍAS DESPUÉS DE LA LUNA NUEVA Y HASTA LA LUNA NUEVA

Impulso: destilar y transformar

Arquetipo: mago

Acción: Al llegar a su fin la última fase de este ciclo, devolvemos a la Gran Madre la esencia de la experiencia y nos llega el momento de descansar. Esta fase suele verse como un proceso introspectivo vinculado con experiencias místicas, sanación y transformación.

Entramos ahora en tres días de oscuridad, en los que la cara iluminada de la Luna se oculta de la Tierra y la Luna entra en conjunción con el Sol. Entonces un día algo comienza a agitarse otra vez dentro de las aguas oscuras de la Gran Madre y, mediante la Virgen, nace un nuevo niño o nueva luna. Comienza un nuevo ciclo.

Cada uno de nosotros ha nacido dentro de una fase particular de la Luna, especificada como la relación entre nuestro sol y luna natales. Esto puede situarse dentro de la carta astrológica natal de cada persona y revela el énfasis particular del viaje espiritual en la vida. (Vea el capítulo 12 para calcular su fase lunar.)

RELACIONES MUTUAMENTE GRATIFICANTES

Uno de los mensajes más poderosos que ofrece la Luna cada noche es la danza que se realiza entre la oscuridad y la luz. A menudo estamos tan concentrados en la luz cada vez más intensa, que no nos damos cuenta de que al mismo tiempo la oscuridad está muriendo. Al fin, en la luna llena, todo lo que vemos es luz y podría decirse que la oscuridad se ha sacrificado para que la luz pueda crecer. Luego, al cabo de unas horas, aparece una pequeña franja de oscuridad y, con el paso del tiempo, la luz es consumida por la oscuridad hasta que no se le ve más.

Este tema de sacrificio en nombre del amor se representa en muchos mitos en los que la madre sustentadora muere cuando su hijo-héroe abandona el hogar en busca de su fortuna. Pero rara vez se cuenta la segunda parte del relato: el hijo regresa como rey y está dispuesto a alimentar a su madre con las semillas de sus esfuerzos, muriendo lentamente a su pasado para que ella al fin pueda gestar a su hijo y heredero.

En las últimas décadas de este cuarto mundo nos hemos visto atraídos hacia la oscuridad de la matriz de la Gran Madre a medida que nuestra propia luz exterior disminuye, y nos alimentamos con los frutos y la carne de nuestras propias experiencias para que al final podamos ofrecer a la fuente nuestra esencia. Ésta es la verdadera naturaleza de cualquier relación mutuamente gratificante, en la que ambas partes salen ganando gracias a su disposición a aceptar los principios de la muerte y el renacimiento. Se trata de un concepto muy distinto porque, en esta situación, ambos aspectos del ciclo están dispuestos a dar para que el otro pueda florecer.

Esta visión se ve en los relatos en torno al árbol de la luna. Este árbol sagrado suele representarse protegido por dos animales alados, el león, que es el símbolo de la interrelación entre la oscuridad y la luz, y el unicornio, que es el símbolo de la unidad y la inmortalidad. Conjuntamente, estos animales reflejan la paradoja de la creación divina: el flujo y tensión dinámicos entre los dos polos opuestos de la existencia: el león, que sustenta la energía central y eterna y el unicornio, que es a su vez la fuente original de la dualidad. En imágenes mitológicas, las ramas del árbol se representan a veces llenas de frutos y a veces arrancadas, de modo que sólo queda visible el tronco, en dependencia de la fase de la Luna de que se trate en ese momento.

Se ha hecho referencia a esta interrelación de energías, simbolizada por el árbol de la luna, en himnos a Ishtar, la gran diosa de la luna de los babilonios, hija del dios de la luna Sin. Ishtar es conocida como el árbol sagrado y lleva en el vientre a Tammuz, su consorte e hijo. Tammuz simboliza el nuevo verdor del cual surge el precioso fruto, que representa la continuidad de la vida. Su estrecha interdependencia queda atrapada en la profunda comprensión de que Ishtar necesita a Tammuz para que la fertilice como su cónyuge; a cambio, ella lo vuelve a traer al mundo como su hijo.

Esta descripción de una relación sana y simbiótica nos hace recordar la interrelación de energías que debe existir dentro de nosotros para que se produzca el elíxir de la vida. Muestra que, cuando hay dos polos opuestos de existencia, como los de nuestras propias naturalezas masculina y femenina, que funcionan conjuntamente en perfecta sinergia y armonía, el resultado es un flujo de energía que se perpetúa a sí mismo y que no tiene fin. Como veremos más adelante, esto está representado por la energía toroidea del corazón.

Resulta interesante observar que, en muchas culturas basadas en la Luna, el derribo de un árbol constituye un importante ritual que representa el sacrificio voluntario del dios moribundo a la Gran Diosa. De hecho, para el dios egipcio Osiris, al igual que para otros dioses, un árbol tronchado era el lugar de descanso de su ataúd, que representaba al mismo tiempo la madre que abraza amorosamente a su hijo y la obligatoria destrucción del hijo para que pudiera recibir semejante bendición. Esta tradición de derribar un árbol persiste en quienes celebran la Navidad. En los hogares de estos creyentes, el árbol se adorna con luces y adornos para representar tanto la muerte del viejo rey como la bienvenida del nuevo Sol o el nuevo hijo.

VIDA ETERNA

¿Quién habría pensado que la discreta Luna tuviera una conexión tan fuerte con el secreto de la inmortalidad? Estas historias abundan en muchas tradiciones.

Tomemos el ejemplo del relato de Chandra, dios de la Luna para los hindúes:

> Vestido de blanco y llevando un arco en forma de cuarto creciente, Chandra es considerado guardián del soma, el néctar de la inmortalidad. Este precioso elíxir se fermenta a partir del jugo blancuzco de una planta que crece exclusivamente en sus montañas sagradas.

Esta vinculación entre los dioses de la Luna y las montañas es una tema común y nos hace recordar la estrecha relación entre la energía dentro del sistema de chakras del cuerpo que corre a lo largo de la columna vertebral y la energía que se piensa que corre por el núcleo de muchas grandes masas montañosas. ¿Será que las montañas, como nuestros cuerpos, funcionan como pararrayos, que transmiten corrientes de conciencia entre el supramundo y el inframundo? Quizás haya además momentos óptimos para esta transmisión, momentos vinculados con la danza cíclica entre la Luna y el Sol.

Como veremos posteriormente, los antiguos creían en esto, por lo que construyeron torres, pirámides y zigurat que funcionaban como transformadores que convertían el espíritu en materia y la materia en espíritu.

El siguiente vínculo entre la Luna y el elíxir de la inmortalidad viene de China, donde aún se sirven tortas lunares en un festival que cae en el decimoquinto día de la octava luna del año chino. Esta fecha equivale al equinoccio de septiembre y a lo que se conoce como Luna de Cosecha, una época de abundancia y prosperidad.

Chang'e es una bella inmortal que viene a la Tierra para ayudar a su gente. Hay distintas versiones de su historia, pero todas coinciden en que Chang'e termina por tomar una pastilla o una poción mágica que contiene el elíxir de la vida y esto la hace subir flotando hasta la Luna, donde ocupa su posición como diosa.

Su compañero en la Luna es un personaje que aparece en muchas de las leyendas lunares, especialmente las que se originan en Asia, América Central y el continente australiano. Mientas que las personas que viven en Europa y América del Norte ven las hendiduras oscuras sobre la superficie de la Luna como el "hombre en la Luna", muchos en otras partes del mundo están convencidos de que las hendiduras en realidad forman la figura de un conejo. El asistente de Chang'e es conocido como el conejo de jade y ésta es su historia:

> Tres magos sabios se transforman en ancianos lastimeros y piden algo de comer a un zorro, un mono y un conejo. El zorro y el mono dan de comer a los ancianos pero el conejo, como traía las manos vacías, se lanza de un salto al fuego llameante, ofrendando su propia carne para que los hombres pudieran comer. Los sabios quedan tan conmovidos por el sacrificio del conejo que lo dejan vivir en el palacio de la Luna, donde se le concede la honrosa posición de producir el elíxir de jade de la inmortalidad.

Este sencillo relato lleva un mensaje importante: a través del sacrificio de nuestra carne (nuestras ataduras terrenales) en la caldera abrasadora de la Gran Madre, recibimos la promesa de la vida eterna.

EL ELÍXIR DE LA VIDA

¿Cuál es esta potente poción que es tan altamente valorada en todas las tradiciones? Tiene muchos nombres, entre los que figuran amrita (indio), fuente de la vida (cristiano), elíxir de la inmortalidad, agua danzante, ambrosía (griego), estanque de néctar y quintaesencia de la vida.

En distintas épocas los alquimistas han aspirado a producir este elíxir por medio de procesos químicos que combinaban los cuatro elementos de tierra, aire, fuego y agua en el quinto elemento del éter, del que resulta interesante señalar que está vinculado con el nuevo mundo del quinto sol (como vimos en la introducción). Muchos han creído que, al beber estas gotas blancas (oro líquido), recibiríamos buena salud, juventud eterna e inmortalidad.

Otros creen que esta poción mágica puede producirla naturalmente una mujer durante el acto sexual. Es conocida como el néctar divino de las aguas sagradas y se cree que contiene la fuente de la juventud. Los investigadores han demostrado que este fluido, eyaculado desde glándulas que se encuentran en las paredes vaginales anteriores, contiene una enzima que extiende la vida de las células y por eso ha recibido el nombre de enzima de la inmortalidad. Este mismo néctar se menciona incluso en cuentos de hadas, en los que la princesa es "despertada" por el beso de su agraciado príncipe —una metáfora que se refiere a un abrazo sexual e íntimo.

Representado por el lirio o la flor de loto, el elíxir de la vida está fuertemente vinculado con lo sexual, la Diosa Oscura Lilith (o Lilit). Al igual que otras Arpías, Lilith contribuyó a enseñar a sus sacerdotisas cómo producir esta fuente de la juventud por medio de prácticas sexuales sagradas como forma de conceder la inmortalidad a quienes acudieran a ella. Es interesante señalar que Lilith fue la primera esposa de Adán, pero se negó a quedarse y compartir sus jugos con Adán cuando éste le negó la igualdad en el lecho matrimonial. ¡Fue una gran oportunidad de alcanzar la inmortalidad que se perdió en un solo momento!

En la tradición hindú se cree que el amrita lo produce la glándula pineal durante profundos estados de meditación, lo que conlleva a la elevación del kundalini por el sistema de chakras. Según las enseñanzas, una sola gota de este potente elíxir es suficiente para vencer a la muerte. Éste es exactamente el mismo proceso descrito por los alquimistas egipcios. Veían la elevación del Djed a través de la activación de los chakras como un medio de generar suficiente energía para crear una vasija dinámica que atraía el Ba, o cuerpo celestial, a la espera por encima del chakra de la corona. A través del matrimonio sagrado de estas dos potentes fuerzas, se encendía el Ka y se alcanzaba la inmortalidad.

Muchos creen que cada vez que completamos un ciclo de creatividad del nacimiento a la muerte (lo que puede suceder varias veces en una vida), estimulamos la glándula pineal para que produzca una pequeña cantidad de amrita. A su vez, esto contribuye a desarrollar y fortalecer nuestro Ka, o cuerpo luminoso, con lo que nuestro sustento, en lugar de provenir en tan gran medida de las frecuencias más densas de los alimentos físicos, proviene cada vez más de la ingestión de frecuencias de luz más elevadas que emiten las plantas, los animales, los cuerpos celestiales y el éter.

Cuando aumenta el Ka, nos afectan menos los problemas de la edad; nos vemos más jóvenes y nos mantenemos más saludables. Con el paso del tiempo, podemos vivir una existencia más multidimensional en la que el tiempo es un factor que no tiene tanta influencia en nuestras vidas. Tarde o temprano, vemos lo que el tiempo es en realidad: un "experimento mental inducido temporalmente".

ASTRONOMÍA MITOLÓGICA

Entonces, ¿por qué la Luna se relaciona tradicionalmente con un componente tan importante de nuestra transformación espiritual? ¿Qué podemos aprender de sus misterios para que podamos extraer este precioso elíxir? Está claro que muchas de las actividades cíclicas de la Luna influyen profundamente en nuestra psiquis, aunque externamente nos burlemos de quienes aluden a la existencia de un vínculo entre la conducta humana y este cuerpo celeste porque, ¿quién no se ha conmovido ante la visión de una esfera de color naranja intenso que se eleva sobre el horizonte al ponerse el Sol o la primera vez que ve la Luna creciente en la oscuridad del cielo? A diferencia de su equivalente solar, esta masa celestial no parece tener ningún propósito evidente, pero aún así es inherentemente venerada por todos.

Se sabe bien que la pátina plateada de la Luna se debe ni más ni menos que al reflejo de la luz solar. Consecuentemente, constituye un espejo puro y perfecto para cualquier cosa que se proyecte sobre ella, pero no tiene ningún apego al resultado una vez que se retira la proyección. Teniendo esto en cuenta, resulta fácil ver cómo la Luna podría usarse y se ha usado como centro de atención para todas nuestras sombras psicológicas proyectadas. Del mismo modo que el centro de la galaxia (el océano de posibilidades) nos ofrece las creencias que elijamos llevar a él, la Luna también refleja lo que esté en la profundidad de nuestro inconsciente. Algunas personas perciben misterio; otras, una alegre familiaridad y unos pocos, el rostro de la locura.

Esta relación profunda e íntima con la Luna se expresa en palabras como *lunático,* proveniente de *luna* en Latín, y *mental,* de la raíz *mens,* que también significa "la Luna". Históricamente, estos términos representaban una unión en éxtasis con la esencia espiritual de este cuerpo celeste pero han sido distorsionados hasta el punto de reflejar una enfermedad en lugar de un estado de dicha. La misma raíz nos da los términos *menses, menstrual* y *menopausia* debido al fuerte vínculo que hay entre los ciclos de creatividad dentro del cuerpo femenino y la naturaleza cíclica de la Luna. Sin embargo, está claro que en nuestra lengua vernácula moderna el vínculo que más comúnmente se establece es entre el ciclo de una mujer y su estado de ánimo mental.

Incluso en los últimos cincuenta años la Luna ha desempeñado un papel fundamental en los cambios de la conciencia de la humanidad: Cuando vimos por primera vez a la Tierra alzarse sobre el horizonte de la Luna durante los viajes de las naves Apolo, cambiamos nuestra perspectiva del lugar que ocupa este bello planeta dentro del sistema solar y de algún modo sabíamos que ya no estábamos solos. Al mismo tiempo, muchos nos enamoramos de este frágil globo azul, que realzó nuestra conciencia de la posición de honor que ocupamos como guardianes de la Luna, hecho éste que al parecer se nos olvida constantemente.

Exploremos ahora algunos de los misterios de la Luna desde un punto de vista astronómico.

¿La Luna tiene un lado oscuro?

Muchos hemos oído decir que la Luna tiene un "lado oscuro", aunque sería más preciso decir que tiene un lado oculto. Todos sabemos que la Tierra se desplaza alrededor del Sol y que la Luna se desplaza alrededor de la Tierra. Lo que es casi increíble es que las rotaciones de la Tierra y la Luna sobre sus ejes estén en una simetría tan perfecta que siempre nos muestran el mismo lado de la Luna; el lado opuesto está oculto permanentemente de nosotros aquí en la Tierra. No fue sino en 1959 que la sonda Luna 3 expuso los secretos de la cara oculta de la Luna cuando nos envío fotografías del terreno montañoso de la Luna.

¿Será que este lado oculto de la Luna refleja nuestro propio lado "oculto", que sólo se puede ver con nuestros ojos interiores y que disfruta del abrazo completo del Sol en la oscuridad antes de la luna nueva?

Eclipses solares y lunares

Todos los astrónomos antiguos conocían la importancia de los eclipses en la historia mundial. De hecho, el calendario maya calcula con precisión la fecha de cada acontecimiento solar y lunar desde el año 3114 a.C. hasta el solsticio del 21 de diciembre de 2012.

Los eclipses ocurren debido a una alineación del Sol, la Luna y la Tierra. Los eclipses solares siempre ocurren cuando hay luna nueva, que es cuando la Luna se sitúa directamente entre el Sol y la Tierra. Los eclipses lunares, por otra parte, acompañan a la luna llena, cuando la masa de la Tierra se interpone entre el Sol y la Luna, lo que impide que la mayor parte de los rayos directos del Sol lleguen a la superficie de la Luna. Los eclipses solares y lunares siempre se acompañan con catorce días de diferencia, aunque cuál aparece primero depende de los patrones orbitales del Sol y la Luna en cada momento específico.

Durante un eclipse lunar, la Luna suele tener un aspecto rojo sangre, por lo que muchos en el pasado temían que fuese el demonio quien hubiese desatado semejante horror. No comprendían que esa coloración se debe a que la luz del Sol tiene longitudes de onda más cortas al reflejarse en la superficie de la Luna después que atraviesa la atmósfera terrestre. Estos sucesos astronómicos se consideraban tan importantes que los temerosos emperadores romanos, en un intento de desviar los efectos personales de los eclipses y siguiendo los consejos de los astrólogos, mandaban asesinar a sus estadistas más importantes. Otros líderes taimados se valían del conocimiento de que venía un eclipse solar para convencer a su crédulo populacho de que podían controlar los movimientos del Sol.

De los dos tipos de eclipses, el lunar siempre se ha asociado más comúnmente con la malevolencia y el misterio. Muchas culturas creen que, durante un eclipse, la Luna es engullida por una criatura mitológica. Para los mayas, esta criatura era el jaguar; para los chinos, el agresor era un sapo de tres patas. Para muchos otros, era un dragón. Fuese cual fuese la bestia acusada del delito, un eclipse traía consigo una gran profusión de malas noticias. De hecho, no era raro que los pobladores salieran corriendo, gritando y golpeando tambores para espantar a los malos espíritus.

Para los mayas antiguos, el jaguar regía la noche; su piel manchada representaba el cielo estrellado.[1] Durante un eclipse lunar, se creía que la boca del jaguar estaba completamente abierta, con lo que atraía a la gente a entrar en el inframundo para que hicieran frente a las partes de su ser que aún estuvieran en la oscuridad y dieran así un vistazo al potencial de la vida eterna. Esta misma creencia la sostiene la psicología moderna, según la cual en los eclipses lunares el resplandor de la luna llena —nuestra expresión externa en el mundo— desaparece y nos deja cara a cara con aspectos de nuestra psiquis que viven en las sombras. Esto ocasiona consternación a algunos y éxtasis a otros.

En la tradición hindú, Rahu, un demonio que buscaba el poder y que se representaba con la cabeza de un dragón y el cuerpo de una serpiente, se traga al Sol o a la Luna, ocasionando un eclipse. Según la leyenda, durante Samudra Manthan (la agitación del océano de leche), Rahu, disfrazado como una deidad, se sienta entre el Sol y la Luna y se las arregla para tomar parte del amrita (la bebida de la inmortalidad). Pero, antes de que el néctar divino pase su garganta, Mohini (el avatar femenino de Vishnu) le corta la cabeza, con lo que hace que su cuerpo quede indócil e incontrolable (simbolizado por la serpiente). La cabeza sigue siendo inmortal y se cree que esta parte de Rahu engulle a la Luna, ocasionando un eclipse. El eclipse llega a su fin cuando la Luna sale por la apertura de su cuello. Tradicionalmente, la cabeza de este gran demonio se llama Rahu y la cola se conoce como Ketu.

Este mito nos permite dar otro vistazo al misterio más profundo de los eclipses. Da a entender que, durante este acontecimiento, se nos ofrece la oportunidad de probar la bebida de la inmortalidad, pero sólo después de haber dominado nuestras energías serpentinas erráticas, lo que constituye una práctica profundamente enraizada en el proceso alquímico de la autorrealización.

Los nodos norte y sur de la Luna

Este relato hindú es una potente metáfora de lo que realmente ocurre durante un eclipse. Rahu y Ketu, la cabeza y la cola del dragón, simbolizan puntos astronómicos en el cielo que se llaman, respectivamente, los nodos norte y sur de la Luna.

Podríamos suponer que ocurre un eclipse lunar cada vez que la Luna pasa por detrás de la Tierra. Pero es que la órbita de la Luna alrededor de la Tierra no sigue exactamente la órbita de la Tierra alrededor del Sol en lo que se conoce como el plano de la eclíptica. El paso de la Luna puede variar en cinco grados por encima o por debajo de la eclíptica, de modo que hace intersección dos veces al mes con esta línea orbital invisible: una vez cuando va en descenso (Ketu) y la otra cuando va en ascenso (Rahu).

Aproximadamente cuatro veces al año, la alineación entre el Sol, la Luna y la Tierra tiene lugar suficientemente cerca de estos puntos nodales como para que presenciemos un eclipse lunar o solar, aunque no siempre sean eclipses totales.

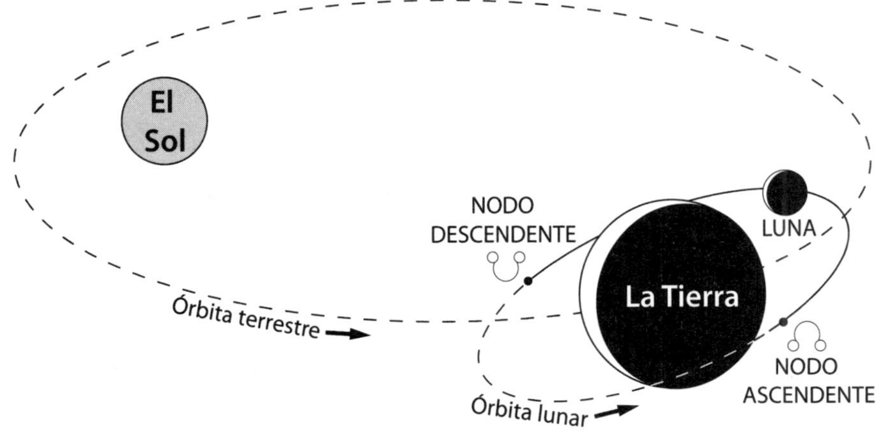

Los nodos norte y sur de la Luna

En la astrología se otorga una gran importancia a estas posiciones. El nodo sur, en forma de caldera, representa el karma pasado y lo que está quedando atrás. El nodo norte expresa las destrezas que estamos desarrollando, y nos recuerda por qué estamos aquí. (Vea en el capítulo 12 las orientaciones sobre el significado de sus propios nodos natales.)

El gran año celta: el ciclo de Saros

La Luna se ve afectada no solamente por el campo gravitacional de la Tierra sino por las grandes fuerzas provenientes del Sol, que la hacen "oscilar" en su órbita alrededor de la Tierra. Esta oscilación hace que los nodos avancen hacia atrás, o en forma retrógrada, por los distintos signos astrológicos.

Toma aproximadamente 18,6 años —diecinueve años de eclipses— para que los nodos de la Luna efectúen en regresión una revolución completa por todos los signos. Este ciclo se consideraba extremadamente importante en la mitología celta y maya porque reconoce la profunda relación que existe entre los ciclos de la Luna y una fuente eterna de creatividad. En tiempos antiguos, en un pueblo llamado Kildare en Irlanda, había un fuego perpetuo dedicado a Brígida, diosa virginal del hogar. Lo cuidaban continuamente diecinueve sacerdotisas que representaban el ciclo de diecinueve años del gran año celta, o ciclo de Saros. Cada una permanecía diecinueve días junto al fuego, con la convicción de que en el vigésimo día el fuego sería atendido por la propia Brígida.

El verdadero significado del arquetipo de la Virgen ha de completarse en uno mismo sin que sea necesario contar con otra persona que lo complete. En numerología, el 19 es el número asociado con esta descripción profunda de la Virgen. El número 1 representa los comienzos y el 9 representa la culminación. En otras palabras, se considera que el 19 representa los ciclos de la muerte y el renacimiento, simbolizados por la serpiente que se come su propia cola, el Uróboros.

Los seguidores de Brígida también tenían la creencia de que el fuego físico absorbía la energía exquisita generada durante la relación amorosa entre el Sol y la Luna y la transformaba en una fuente continua de creatividad y abundancia que estaba al alcance de todos sobre la Tierra.

Este fuego se extinguió durante el siglo XVI, pero volvió a ser encendido en 1993 y se ha mantenido encendido desde entonces. Se encuentra en el condado Kildare, en Irlanda, y es un recordatorio constante de que, si no reconocemos y honramos la poderosa influencia que los cuerpos celestiales tienen sobre nuestras vidas, llegará un momento en que se secará la corriente de creatividad y abundancia que está a disposición de todos. Como veremos más adelante, las vestales del Imperio Romano cuidaban un fuego similar hasta que también fue extinguido por personas que no comprendían la importancia del fuego perpetuo. (¡Todos sabemos lo que le ocurrió al Imperio Romano!)

Como se ha mencionado, según el ciclo de Saros, los eclipses vuelven a ocurrir en el mismo signo del zodíaco cada 18,6 años. Los eclipses no aparecen en la misma ubicación geográfica, sino a 120 grados de distancia sobre el globo terráqueo. Deben pasar 56 años para que ocurra lo que se conoce como ciclo de Saros triple —es decir, que el eclipse se vea dentro del mismo signo y en la misma ubicación.

La arqueología nos permite determinar que los constructores de antiguos sitios sagrados conocían este ciclo. Cuando se erigió la primera fase de Stonehenge durante la última parte del cuarto milenio a.C., sus constructores excavaron cincuenta y seis agujeros en los que colocaron estacas móviles de madera, justo al interior del cordón externo de tierra que rodea al sitio. Hoy en día ya no están las estacas, pero se mantienen los agujeros, cubiertos con discos blancos. Reciben el nombre de agujeros de Aubrey, por John Aubrey, quien los descubrió en el siglo XVII.

Se sabe que las estacas eran demarcaciones para el cálculo de los eclipses lunares, lo que reafirma la suposición de que estos eclipses no son un mero espectáculo, sino que además influyen en los campos de energía de la conciencia de la Tierra y sus pobladores. En los últimos años los científicos han podido medir estas energías supuestamente "sutiles" y han descubierto que su efecto no tiene en realidad nada de sutil.

Inmovilizaciones de la Luna

Otra característica importante del movimiento de la Luna es que hay ocasiones en que este cuerpo celeste parece estar inmóvil. Esto ocurre cuando la Luna está aproximadamente en cuadratura con sus nodos.

Durante los meses de invierno, la luna llena aparece cada vez más alta en el cielo hasta que alcanza su altura máxima sobre el horizonte visible. Ésta es la luna llena más cercana al solsticio de invierno. En contraste, durante los meses de verano, la luna llena aparece cada vez más baja en el cielo hasta que alcanza su posición más baja. Ésta es la luna llena más cercana al solsticio de verano. Este movimiento es opuesto al del Sol: el astro rey alcanza su punto máximo sobre el horizonte en el solsticio de verano y su punto más bajo, en el solsticio de invierno.

Sin embargo, debido al ciclo de Saros, cada 18,6 años la Luna alcanza un punto máximo y mínimo sobre el horizonte. Los pueblos antiguos percibían estos puntos como altas y bajas de fertilidad tanto para la Tierra como para sus moradores. Según este ciclo, en 2005 y 2006 experimentamos una importante temporada de inmovilizaciones lunares: la luna llena en el solsticio de invierno se encontraba en su punto más alto en el cielo en diecinueve años y la luna llena en el solsticio de verano estaba en el punto más bajo. En 2015, aproximadamente 9,5 años después, experimentaremos una pequeña temporada de inmovilización lunar cuando ocurra lo contrario. La luna llena en el solsticio de invierno estará en su punto más bajo en el cielo y la luna llena en el solsticio de verano estará en su punto más alto.

Los antiguos creían que la danza entre el Sol y la Luna era muy importante debido a los grandes dones que cada uno de estos cuerpos celestes traía a la Tierra y a su gente. Por eso registraban las inmovilizaciones tanto lunares como solares (en los solsticios) durante la construcción de sus sitios sagrados. Entre estos sitios se encontraban Stonehenge, las Piedras de Callanish en la Isla de Lewis en la costa occidental de Escocia y el Cañón de Chaco en Nuevo México.

Las noches oscuras de la Luna

Casi todas las tradiciones coinciden en que el proceso de muerte y renacimiento requiere tres días, lo que simboliza las tres noches oscuras antes de que la Luna vuelva a aparecer en el cielo. Por eso es inexplicable que el festival cristiano de la Pascua, que representa la muerte y resurrección de Jesús, esté concebido de hecho para que tenga lugar durante una luna llena y no una luna nueva. Imagínese hasta qué punto la eficacia del mensaje de Pascua se ha visto menoscabada por esta distorsión. Este encubrimiento es aún más grave cuando se le añade la representación de la resurrección (la milagrosa activación del Ka de Jesús) a través de conejitos amarillos y huevos de chocolate. El mayor temor que tienen muchas religiones organizadas es que descubramos la importancia de la muerte, el inframundo y el infierno en nuestro proceso de transformación espiritual.

Calendarios: Mediciones del tiempo

A estas alturas, se nos ha hecho evidente que el papel predominante de la Luna en muchas culturas antiguas está profundamente incorporado en la mitología y en la ciencia —tanto, que a menudo resulta difícil separarlas. Esto se aplica también a la medición del paso de los días.

Hasta el establecimiento del calendario juliano durante la dominación romana, la mayoría de los calendarios se basaban en el ciclo lunar de 355 días; el día 356 representaba el comienzo del décimo tercer mes. En 1582, el calendario gregoriano sustituyó al juliano, lo que hizo que el método internacional de registro de fechas se basara en un ciclo solar, no lunar.

Pero varios pueblos antiguos mantuvieron su vínculo con la tradición al seguir usando un calendario *lunisolar*. Entre estos grupos se encuentran los judíos, los seguidores de la fe hindú y distintas culturas de la China antigua. El Islam es la *única* cultura que sigue usando un calendario puramente lunar. De hecho, la luna creciente es un componente importante de la fe islámica. Esto no ha de sorprendernos pues, en la época de Abraham, padre del judeocristianismo y del Islam, la gente veneraba al dios de la luna Sin. Seguían su orientación y comprendían la importancia de los ciclos de la Luna para la prosperidad de su pueblo.

Actualmente hay muchos llamamientos a que el mundo vuelva a un calendario basado en la Luna, de modo que nos realineemos con la naturaleza física de ese cuerpo celeste. Pero lo cierto es que en esta época de fusión de polaridades hay lugar para honrar la importancia tanto del Sol como de la Luna y seguir la doctrina del quinto mundo del éter.

LA ASTRONOMÍA MITOLÓGICA Y LOS SITIOS SAGRADOS

Para entender la influencia que los eclipses y otros movimientos planetarios tienen sobre la conciencia, conviene valorar las características específicas de construcción de muchos de los sitios megalíticos en distintas partes del mundo, incluidos los que se encuentran en Gran Bretaña, Irlanda, América Central y del Sur, Egipto y varios lugares de Europa.

- Todos fueron construidos de forma que recibieran y transformaran las ondas de energías arquetípicas y de alta frecuencia que captaban, con objeto de traer a la humanidad nuevas frecuencias de conciencia.
- Los materiales utilizados en la construcción poseen marcadas cualidades piezoeléctricas: son capaces de recoger, almacenar, transformar y emitir cualquier energía en su entorno.
- Todos fueron construidos con una profunda comprensión de la cuadrícula energética o el aura que rodea a nuestro planeta y se encuentra expresada dentro de él. Por eso es que muchos de los sitios están situados en las intersecciones entre importantes líneas telúricas, es decir, los portales a la cuadrícula energética de la Tierra.
- La mayoría de los sitios sagrados, incluidos los círculos en cultivos modernos, se encuentran en suelos compuestos principalmente por piedra caliza o alguna sustancia porosa similar. Esto permite que las energías arquetípicas se transfieran al agua contenida en el

suelo (en forma homeopática) y que terminen por ser absorbidas por todas las personas del planeta a través de las poderosas corrientes oceánicas.

- Del mismo modo que cualquier dispositivo electrónico está construido para trabajar con diversas frecuencias de energía, estas formaciones fueron diseñadas específicamente a través del uso de la geometría sagrada, lo que garantiza un resultado máximo con mínimos efectos secundarios negativos.
- Cada una fue construida no solamente en referencia a los movimientos del Sol y la Luna, sino de otros planetas y sistemas estelares como Venus y las Pléyades.
- La eficacia de cada formación está realzada por la presencia de todos los elementos. De ahí que los constructores del sitio, o su propio entorno natural, establecieran las proporciones correctas de tierra, agua, fuego y aire.
- La mayoría de los círculos en cultivos que han aparecido en distintas partes del mundo están diseñados exactamente de la misma manera, por lo que funcionan en forma similar a los sitios megalíticos de piedra.
- La energía o emoción aportada a un sitio sagrado es potenciada y absorbida por los campos de energía circundantes. Si aportamos miedo, el miedo es lo que se potenciará; si cantamos y bailamos, habrá una transferencia de alegría. Siempre tenemos opción.
- A pesar de los hallazgos históricos, muchos de estos sitios fueron construidos antes de que la humanidad tomara forma física, para poder transmitir información o conciencia universal a Gaia, nuestra Tierra, un ser que vive y respira.
- Muchos de estos sitios quedaron retenidos dentro de las dimensiones más elevadas del campo holográfico, sin que la raza humana los hubiera visto ni "descubierto" hasta que nuestra conciencia alcanzaro una vibración suficientemente elevada como para hacerlos descender a la tercera dimensión.
- La mayoría de los sitios sagrados fueron construidos en una época

en que las piedras aún podían "andar". Por eso no era necesario crear complicados arneses o grandes equipos de personas que las movieran; lo único que se requería de los humanos era el conocimiento sobre cómo comunicar las intenciones a la conciencia de los seres de piedra. Entonces éstos cooperaban. Este don de comunicación aún puede ocurrir a través del corazón cuando no tenemos ningún otro designio salvo el de estar en armonía con todos los habitantes de esta Tierra.

- Cada sitio funciona como pararrayos, receptor de radio o torre de comunicación entre las distintas dimensiones y utiliza frecuencias que están fuera de nuestro espectro sensorial normal pero que son definitivamente perceptibles por personas que tienen mayores habilidades sensoriales, como los niños, los animales y las aves.
- En su forma más pura, las características específicas del sitio hacen que éste funcione como filtro de la información recibida, que pasa a todos los niveles de la cuadrícula de la Tierra; etérico, astral, mental, del alma, espiritual y universal.
- El receptor más importante es la cuadrícula del alma o dodecaedro, que nos conecta con el corazón de la Gran Madre y con el campo de la unidad y la armonía. Individualmente, esta conexión nos permite recordar la verdadera naturaleza de nuestra existencia como seres espirituales.
- Hay varias partes interesadas que prefieren que sigamos desinformados de nuestra ascendencia genética y de las comunicaciones desde otros planos de la existencia, especialmente las que provienen de los seres de las estrellas o extraterrestres. Estos intereses creados a menudo se empeñan en restar importancia a los sitios sagrados desde el punto de vista de nuestra evolución.
- Los sitios sagrados, sean hechos por el hombre, como Stonehenge o naturales como la Roca de Uluru, nos exhortan a recordar quiénes somos y a traerles regocijo y risa, permeando de luz la cuadrícula.

Teniendo todo esto en cuenta, está claro que hay acontecimientos importantes, como los solsticios, equinoccios o eclipses, que abren un portal o paso específicos a la naturaleza multidimensional del universo. Cuando esto sucede, se depositan en nuestro planeta frecuencias arquetípicas de energía desde la esfera celeste, lo que nos da la oportunidad de bañarnos en nuevas y enriquecedoras oleadas de conciencia, que son esenciales para los tiempos que se avecinan.

SEGUIR LOS RITMOS NATURALES

Algunas de las referencias más antiguas a la veneración de la Luna vienen de la antigua Sumeria, que se encontraba en un territorio al sur de la actual Bagdad alrededor del año 5000 a.C. En Sumeria, el dios lunar Nanna, simbolizado por una luna creciente, era visto como la antorcha de la noche, que se renovaba constantemente como una serpiente e iluminaba la oscuridad primigenia.

Nanna enseñaba a la gente que había un momento perfecto para todo y que la vida se facilitaba al seguir estos ciclos. Por eso estableció ritmos y ciclos; las mareas; las emociones humanas, la fertilidad de las cosechas, el sistema endocrino y, por supuesto, el ciclo menstrual, que sigue tan de cerca el ciclo cósmico de la creatividad. Sin estos ciclos, los pueblos antiguos sabían que su tierra y sus vidas se volverían secas y baldías. Esto es algo que debemos recordar cuando intentamos controlar la menopausia, la menstruación, los ciclos del sueño y los momentos del nacimiento y la muerte.

Siguiendo la orientación de Nanna, la mayoría de las personas de la época vivían según esos ritmos. Veían la luna creciente como el momento más propicio para fertilizar cultivos, ideas y personas. La palabra *creciente* proviene de la raíz latina *creare,* o sea, "crear". En aquellos tiempos, la cosecha y la poda tenían lugar durante la luna menguante, lo que permitía que lo viejo muriera y descansara. Entre los pueblos tradicionales, nadie pensaría en plantar cosechas o emprender un nuevo negocio en esa época. Quienes vivían cerca de las aguas del mar tenían sus propias ideas, pues creían que un buen nacimiento debía estar vinculado con la marea alta, mientras que una "buena forma" de morir sería la de abandonar el mundo con la marea baja.

Sería interesante proyectar cómo se transformarían la salud y la productividad si adoptáramos estos ritmos, tanto en nuestras vidas personales como en las arenas del comercio, la medicina y la educación.

El pararrayos

En la época de Nanna, la gente empezó a construir torres u observatorios que se llamaban zigurat. Se cree que fueron concebidos como lugares para estudiar los movimientos celestiales y para venerar la Luna desde el templo que coronaba la estructura. Estas torres se siguieron

La Torre de Babel

construyendo hasta el año 2100 a.C., cuando se erigió la famosa Torre de Babel en lo que es hoy el sur de Irak. Los babilonios continuaron la tradición sumeria de la veneración lunar a través de su dios de la luna Sin. No obstante, sería incorrecto suponer que se trataba de gente poco sofisticada que aullaba a la Luna, pues los registros demostraban que los babilonios eran una civilización altamente desarrollada con una profunda comprensión de las ciencias, incluidas la medicina, química, alquimia, botánica, zoología, matemáticas y astronomía.

La decisión de los babilonios de construir la Torre de Babel con precisión matemática podría vincularse hipotéticamente con una profunda comprensión de las energías universales, los procesos alquímicos y un deseo de experimentar el campo unificado de la realidad no localizada. En otras palabras, conocer la inmortalidad de los dioses.

Esto representa, por lo tanto, un giro interesante a la historia relatada en Génesis 11:6–8. El texto nos dice que a Dios le preocupó ver que la gente había construido una torre con su cima en los cielos para poder seguir juntos como una unidad. Dios dijo:

> "Todos forman un solo pueblo y hablan un solo idioma; esto es sólo el comienzo de sus obras, y todo lo que se propongan lo podrán lograr. Será mejor que bajemos a confundir su idioma, para que ya no se entiendan entre ellos mismos". De esta manera el Señor los dispersó desde allí por toda la Tierra, y por lo tanto dejaron de construir la ciudad.

En este relato se origina el verbo *balbucear,* en el sentido de "hablar en forma incoherente". Para muchos, este texto significa que Dios vio que, al tener una sola voz, los humanos podrían ir en contra de su voluntad y terminarían por autodestruirse sin su guía. Así, según una de las interpretaciones, Dios intervino por nuestro propio bien, ocasionando la separación y la formación de distintas naciones en el planeta a fin de crear la paz.

Pero, si esta interpretación es correcta, está claro que el plan no dio resultado. Quizás la causa principal de la naturaleza destructiva de la humanidad es precisamente el hecho de que no tenemos una lengua común que nos una. No es sólo cuestión de expresión verbal. Lo que falta es nuestra capacidad de escuchar el lenguaje común de nuestras almas.

Podríamos hacernos las siguientes preguntas:

- ¿Qué tal si, en esa época antigua, no había un solo ser divino sino muchos dioses y diosas menores que vinieron a la Tierra como extraterrestres hace unos 400.000 años para influir en el desarrollo de la raza humana? Zecharia Sitchin y otros llaman a estos seres los Nefilim o Nephilim, los Elohim y los Annunaki, lo que significa "los que del cielo a la Tierra vinieron" o "los resplandecientes". El lugar de origen de estos seres es visto como Nibiru o Marduk, que significa "el planeta del cruce".[2] Cuando el relato se ve bajo esta óptica, es perfectamente posible que fuera uno de estos seres quien no estuviera satisfecho al ver que el populacho hubiera encontrado una manera de acceder a la inmensa abundancia de la Gran Madre a través de su comprensión de los movimientos complejos de los cuerpos celestiales, como la Luna, y hubiera decidido destruir su sendero hacia la iluminación.
- ¿Qué tal si la *unidad en el lenguaje* que preocupaba a Dios era, de hecho, el reino unificado del éter, en el cual, como se ha predicho, todos seremos capaces de "oír" los sentimientos y pensamientos de otros a través de la pureza de nuestros corazones?
- ¿Qué tal si el lenguaje que ese Dios enojado decidió confundir no era el idioma hablado, sino el lenguaje del ADN, el medio por el cual descargamos la información de la conciencia?

En apoyo a esta hipótesis, hoy conocemos varios factores relacionados con el ADN: solamente el 10 por ciento del genoma codifica lo que conocemos como nuestra composición genética. El propósito del 90 por ciento restante es aún relativamente desconocido; de hecho, recibe el nombre de ADN "chatarra". Pero también se cree que el ADN chatarra desempeña un papel importante en nuestra comunicación no física, una posibilidad que sólo se ha comenzado a explorar recientemente.

En la actualidad, cada cromosoma consiste en una hebra doble de ADN. Sin embargo, según el libro *Bringers of the Dawn [Mensajeros del alba],*[3] de Barbara Marciniak, hubo una época en que la información genética, los elementos esenciales para transformar el espíritu en materia, estaba contenida en doce hebras de ADN. Entonces, debido a la ingeniería genética de los "dioses reptiles" (según algunos, hace doce mil años), el sistema fue reestructurado con un patrón doble, lo que ocasionó la aparición del ADN chatarra. Al mismo tiempo, la reestructuración nos hizo olvidar que somos verdaderamente creadores de nuestra percepción de la realidad y que, de hecho, somos tan poderosos e inmortales como cualquiera que se vea a sí mismo como un dios.

Sabemos que el ADN tiene su propio campo de energía y que funciona como un agujero negro en miniatura, que atrae información hacia sí desde otros campos sutiles de energía. Cualquier perturbación de este núcleo central, incluida la ingestión de alimentos modificados genéticamente y cualquier otra manipulación genética, hace disminuir nuestra capacidad de descifrar la información que llega a este planeta en este momento crucial.

¿Será que quienes construyeron la Torre de Babel fueron la fuente de la verdadera derivación de la palabra *sin,* que da una clara advertencia a los seguidores del dios de la luna Sin sobre lo que pasa si alguien se atreve a dar un paso más allá de la autoridad de quienes prefieren que los seres humanos sigan siendo esclavos?

Maná del cielo

El historiador Laurence Gardner nos ofrece un elemento de información más que es esencial para nuestra comprensión de la importancia de estas torres o zigurat. Gardner afirma que, en la antigüedad, la palabra *templo* no se refería a un lugar de veneración sino a un taller o fábrica.[4] A partir de esta idea, sugiere que un templo al dios de la Luna construido en la cima de una montaña era probablemente un sitio de producción de lo que hoy se conoce como *oro monoatómico.* Esta sustancia extremadamente ligera es producida por el efecto de arco que se crea cuando se transmite un arco térmico de un lado a otro de una pieza de oro común. Se ha descubierto que el oro monoatómico está relacionado con la teletransportación antigravitacional y, al ingerirlo, con la eterna juventud. ¿Será que la posición del templo en la cima de la montaña estuviera perfectamente diseñada para recibir energías del Sol y la Luna, que también podían producir este efecto de arco?

Actualmente se cree que, cuando se absorbe el oro monoatómico, estimula la liberación de hormonas naturales en el cuerpo, especialmente de las glándulas pineal y pituitaria que, como hemos mencionado antes, garantizan que haya una calidad y cantidad de vida acrecentadas. En otras palabras, produce la liberación del elíxir de la vida.[5]

Según Laurence Gardner, el mismo oro, producido en los templos mediante la alquimia durante ciertos acontecimientos astronómicos propicios, era la sustancia que se llegó a conocer como maná del cielo.[6] Esta idea parece encontrar apoyo en el hecho de que las palabras *manás* y *maná* se derivan del término correspondiente a "Luna". También resulta fascinante darse cuenta de que, antes de la aparición del maná aproximadamente en 1960 a.C., los reyes y otros líderes ingerían sangre menstrual (*men* = "luna") con la creencia de que estaba infundida con el poder de creatividad de la Luna y, por lo tanto, con el elíxir de la vida. Ahora sabemos que durante la menstruación o tiempo de la luna, el organismo femenino produce hormonas como la DMT (dimetiltriptamina),[7] que se encuentran abundantemente en la sangre menstrual. Se cree que estas sustancias químicas producen un estado de conciencia acrecentada, una experiencia muy valorada por reyes y líderes que desean mantener su poder espiritual.

De este modo, cada mes, debido a la liberación de estas hormonas, las mujeres son capaces de viajar por el sendero de los sacerdotes-reyes antiguos y entrar en el corazón de la Gran Madre. Allí reciben mensajes y percepciones que contribuyen no sólo a su evolución espiritual, sino a la de su familia y su tribu. A su regreso de este estado alterado, las mujeres comparten sus visiones con los hombres, proporcionándoles la autoridad necesaria para hacer manifiestas las ideas que ellas han recibido.

En contextos tradicionales la mujer que se encuentre en su tiempo lunar es considerada extremadamente poderosa, pues es capaz de purificar no sólo el cuerpo físico sino la "negatividad" de la familia al pasar por su ciclo mensual de muerte y renacimiento. Por esta razón, los pueblos aborígenes honran el ciclo mensual. En el otro extremo se encuentran algunas mujeres modernas a quienes, en distintas partes del mundo, se les inculca que no respeten del mismo modo su ciclo mensual. Los medios de información les aconsejan que tomen una píldora diaria que suprime este proceso natural y esencial.

No es de sorprender que tantas mujeres padezcan de tensión premenstrual (PMS), tiempos lunares problemáticos y depresión postparto. Nuestras vidas modernas no dejan espacio a la integración de estas poderosas energías, lo que conduce inevitablemente a la angustia y el desaliento. Sólo cuando las mujeres deciden respetar y honrar sus dones ocurrirán en la raza humana los cambios necesarios que devolverán a nuestras vidas el ritmo natural.

MOISÉS Y LA TABLA DE ESMERALDA

Se establece una conexión final entre los ciclos lunar y solar y la práctica de la alquimia cuando nos enteramos de que el Monte Sinaí recibió su nombre por el dios de la luna Sin, a quien fue dedicado. Como aclaración, actualmente se cree que la ubicación real de esta famosa montaña es Jabal al-Lawz en Arabia Saudita,[8] en lugar de la Península de Sinaí en Egipto. Esta meseta era el lugar donde se realizaban el festival y la celebración de la Luna llena llamado Sappatu, que dio origen al Sábado de los hebreos.

La Biblia afirma que Moisés escaló el Monte Sinaí para comunicarse con Dios y recibir así los Diez Mandamientos para su pueblo (Éxodo 24:12). Si algunos teóricos están en lo correcto,[9] Moisés y el faraón

Akenaton eran una misma persona, que creía en el Dios Único como la fuente de toda la existencia. Se sabe que Akenaton era un maestro alquimista y que, de hecho, era la reencarnación de Tot,[10] el autor de la Tabla de Esmeralda. Este tratado de alquimia revela al estudiante aplicado los pasos que deben darse para convertir la ignorancia básica en la conciencia dorada de la iluminación.

Entonces, podríamos preguntarnos, cuando Moisés-Akenaton subió al Monte Sinaí por primera vez y Dios le dijo (Éxodo 24:12): "Sube a encontrarte conmigo en el monte, y quédate allí. Voy a darte las tablas", ¿estaba recibiendo en realidad la Tabla de Esmeralda?

Al continuar el relato, nos enteramos por la Biblia (Éxodo 32:19) de que cuando Moisés volvió al campamento, encontró que los israelitas habían hecho un becerro de oro, que hacía referencia a su anterior adoración de la vaca madre egipcia Hathor. En su ira, Moisés hace pedazos las tablas originales y vuelve al monte para que Dios le vuelva a escribir la lista de mandamientos. ¿Estos nuevos mandamientos serían distintos a los de la primera lista porque Dios había decidido que los humanos no estaban listos para controlar sus propias vidas?

Este relato tiene al final un giro interesante. Según la Biblia (Éxodo 32:20), Dios le dice a Moisés que lance el becerro de oro a un fuego intenso hasta hacerlo polvo y que luego diera a beber este polvo de oro a los israelitas. ¿Será que Moisés creó oro monoatómico (también conocido como maná y la piedra filosofal de los alquimistas) y que, al dárselo a su pueblo, les alteró la conciencia?

No cabe duda de que este acontecimiento reafirmó la transferencia de la veneración lunar a solar, una fase que ha durado casi 3500 años. Quizás ahora estemos listos para otro cambio de paradigma que hará resurgir el interés en seguir las costumbres relacionadas con Nanna, el dios sumerio de la Luna. Recordaremos que para todo hay un momento perfecto y que, al fluir con estos ciclos, la vida se hará naturalmente más sencilla.

3

EL VIAJE DEL HÉROE

Cada cultura está deseosa de compartir las leyendas de sus héroes y las grandes hazañas de éstos, pues sabe que el ejemplo de ellos representa un importante modelo a seguir para que otros lo emulen. El arquetipo del héroe se ejemplifica en personajes como Ajax, Hércules, Odiseo, Perseo y Jasón, todos provenientes de la cultura griega. En otras tradiciones nos encontramos con el Cuchulain celta, los dioses egipcios Osiris y Horus, el escandinavo Beowulf y el Rey Arturo, héroe inglés. En años más recientes, nuestras pantallas se han llenado de relatos sobre héroes. *La guerra de las galaxias* nos agasaja con las hazañas de Luke Skywalker y su hermana, la Princesa Lea, quienes representan la idea de los campeones dobles. Y ahora debemos incluir a Harry Potter, de J. K. Rowling, que simboliza a los héroes místicos de antaño.

Todos los héroes tienen algo en común: están destinados a realizar un viaje que es al mismo tiempo una búsqueda de realización física y espiritual. El mejor estudio de estos senderos míticos de héroes lo hizo el difunto Joseph Campbell, cuyo libro *The Hero with a Thousand Faces [El héroe de las mil caras]* ha vendido millones de ejemplares a nivel mundial.[1]

Entre sus enseñanzas, Campbell nos recuerda que, a pesar de la tendencia a colocar a las personas idealizadas en un pedestal, el héroe existe dentro de todo el mundo. Es la parte de uno que se lanza valerosamente a lo desconocido, disfruta la aventura, vence los obstáculos y procura contentarse, sea en el plano de la vida interior o exterior. Durante mi vida profesional como persona intuitiva, me he percatado también de que los actos heroicos no siempre siguen los estereotipos, especialmente cuando se ven desde la perspectiva del alma. El valor viene en muchas formas y el propósito espiritual detrás de nuestras acciones puede estar oculto de nuestra percepción consciente. Así, he observado personalmente lo siguiente:

- La oveja negra de la familia que hace suya la oscuridad para que otros puedan experimentar la luz.
- Padres estrictos e incluso agresivos que, a nivel del alma, insisten en que sus hijos se yergan y sean fuertes por derecho propio.
- El padre ausente que opta por no tener un efecto adverso sobre las decisiones de sus hijos.
- El hijo que muere de cáncer, cuya sonrisa triunfal me dice que su único propósito era unir a una familia separada.
- La hija que está muriendo de cáncer, cuya enfermedad motiva a sus padres a examinar su propia relación, no sólo de pareja sino con la propia vida.
- Un hermano enfermo mental que hace suyo el caos para traer estabilidad al resto de la familia.

Estos ejemplos pueden sorprender a quienes prefieren ver a sus héroes a través de gafas color de rosa. Pero, en realidad, muchos nos sorprenderemos al ver quiénes acuden a nuestro encuentro cuando abandonemos esta vida y pasemos al otro lado y al ver quiénes nos han ofrecido amor incondicional durante nuestro paso por esta Tierra. Vuelva a pensar en su propia vida y pregúntese, "¿quién fue mi mejor maestro?" ¿Puede imaginarse el valor que hay que tener para ser la persona odiada y resentida o desempeñar el papel de persona dócil e ineficaz para que otra alma pueda crecer? Sólo cuando damos un paso atrás y miramos objetivamente los grandes sucesos de nuestras vidas podremos reconocer a quienes representaron la diferencia para nosotros.

A medida que seguimos las fases del viaje del héroe, se nos muestra el camino hacia la autorrealización y la iluminación que han seguido los maestros ascendidos como Jesucristo, Buda y Mahoma. Aunque a menudo se lo describe como un acontecimiento único, este viaje consiste en miles de caminos entrelazados, cada uno de los cuales ofrece una perspectiva marginalmente distinta de nuestro universo holográfico. Cuando viajamos, vemos que las etapas expresan los aspectos masculino y femenino del héroe, recordándonos que sólo a través de la interrelación entre la fuerza y la perspectiva de la creación traeremos realmente el cielo a la tierra y la tierra al cielo, de modo que conozcamos la unicidad de la existencia.

SAMUDRA MANTHAN: LA AGITACIÓN DEL MAR DE LECHE

Este maravilloso mito sobre un héroe hindú es uno de los episodios más famosos de los Puranas y se celebra cada doce años en un festival llamado Kumbha Mela.

> Dos grupos, los Devas y los Asuras, están constantemente en guerra. Uno de los grupos tiene cualidades divinas y el otro está compuesto por demonios. Cansados de pelear, los Devas invocan a Vishnu para que les dé una solución y éste les aconseja que agiten el mar de leche y produzcan el néctar de la inmortalidad, lo que obviamente les hace salir victoriosos. Pero hay un obstáculo: esto no lo pueden lograr sin la ayuda de los Asuras, por lo que los dos grupos hacen una tregua temporal.
>
> Acuerdan que cada uno tomará un extremo de la serpiente Vasuki, que está enroscada alrededor de la montaña Mandara, y que se turnarán en tirar de ella, con lo que se agitará la leche. El plan va bien hasta que, de pronto, la montaña empieza a hundirse en el mar, y los Devas una vez más piden ayuda a gritos a Vishnu. Éste acude en persona, en forma de Kurma la tortuga, para sostener la montaña desde abajo y el proceso continúa.

> La primera sustancia que sale es un veneno muy potente, producido por el dolor que siente la serpiente al recibir tirones en ambas direcciones. El único ser que puede tragar el veneno sin sentir su efecto es el dios Shiva, que abre el paso para que de la leche surjan otros productos. Los Devas y Asuras ven a distintos dioses y diosas portadores de regalos salir del mar. El último dios es el doctor divino que porta el néctar de la inmortalidad, o amrita.
>
> Cuando los Asuras vienen a probar el elíxir, los Devas invocan a Vishnu para distraer a su enemigo mientras ellos beben. Vishnu accede y se transforma en la glamorosa y atractiva Mohini, con lo que los Asuras se distraen y se alejan de la copa. Pero Rahu, uno de los Asura que no se deja engañar por la estratagema, agarra la copa y toma parte de la bebida. En un instante, Mohini se da la vuelta e inmediatamente le corta la cabeza a Rahu, con lo que sólo la mitad superior de éste se vuelve inmortal, mientras que el resto permanece indócil y sin refinar.

Así es como los Devas alcanzan la inmortalidad y nosotros recibimos una percepción importante desde una perspectiva hindú sobre los pasos que se deben dar para alcanzar el estado de inmortalidad a través de la relación adecuada con la Madre y su océano de posibilidades o, en este caso, su mar de leche.

El simbolismo de Samudra Manthan

El relato ilustra claramente la naturaleza multifacética y dual de nuestra existencia, que debe ser reconocida y respetada si alguna vez hemos de conocer la unicidad.

- El mar de leche u océano de posibilidades es la Cosa Única, la conciencia colectiva, el *plenum* de la potencialidad, y un reflejo de nuestra existencia multidimensional.
- Vishnu representa la Mente Única y es considerado el preservador o el omnipresente que dirige y sostiene las actividades dentro del universo.

- Los Devas y Asuras personifican la dualidad de la vida que surge a partir de la unión entre la Cosa Única y la Mente Única. Estos dos polos de existencia, caracterizados por los aspectos positivo y negativo de nuestra personalidad, deben trabajar juntos en forma armónica e integrada para que podamos alcanzar la autorrealización.
- Vasuki, la serpiente, simboliza la fuerza o poder inherente a cada faceta de la Cosa Única activada por la capacidad de concentración de la Mente Única. Este relato hace énfasis en que el poder por sí mismo es neutral y puede ser utilizado en igual medida por la oscuridad y la luz. De hecho, solamente cuando aprovechamos el poder de los dos lados trabajando juntos es que podemos producir el elíxir de la inmortalidad. Hablo en serio cuando digo que "tanto la luz como la oscuridad son necesarias para trabajar en armonía y traer a la Tierra las riquezas del mundo eterno".
- Mandhara, la montaña, simboliza la presencia focalizada, la concentración o la capacidad de prestar atención. *Mandhara* está compuesta por dos palabras, *mana* (mente) y *dhara* (una línea sola), que en conjunto quieren decir "mantener la mente en una línea".
- Kurma, la tortuga, acude para sostener la montaña (atención focalizada) cuando ésa comienza a hundirse y representa la introspección de los sentidos o la perspectiva (la psiquis interna) del mismo modo que una tortuga hunde la cabeza en su caparazón. Esto nos recuerda que, sin las cualidades fortalecedoras de la introspección y la contemplación (que combinan la perspectiva y la fuerza), la concentración es inestable y el centro de atención vuelve a caer a la postre en el mar de la pura ilusión.
- El veneno nos recuerda que, al mirar hacia dentro y hacer frente a nuestros propios demonios por primera vez, no es raro que afloren una profunda turbulencia interna y una dolorosa desarmonía. Psicológicamente, estos demonios representan complejos arquetípicos suprimidos que quedan dentro de nuestra psiquis de

otras vidas o debido a un karma ancestral y que han quedado separados de nosotros a través del miedo y la vergüenza. Como parte del acto de recordar, estos aspectos de nosotros deben ser enfrentados, aceptados e integrados antes de que podamos avanzar hacia la iluminación espiritual.

- El señor Shiva quien, al igual que la Arpía, a menudo recibe el nombre de destructor, es también el que purifica a todo el mundo con su nombre. Simbólicamente, ésta es la parte de nosotros que está dispuesta a carcomer la carne de nuestras propias creaciones, incluso los llamados aspectos venenosos, para absorber lo que es bueno y liberar el resto.
- Los distintos objetos preciosos que afloran del océano durante la agitación representan las facultades psíquicas o espirituales (*siddhis*) que ganamos a medida que avanzamos espiritualmente de una fase a la siguiente. El hecho de que los dioses y diosas estén presentes para distribuir regalos sugiere que saben lo fácil que es que el buscador se vea obstaculizado o impresionado por estas facultades y el deseo de poseerlas en lugar de usarlas sabiamente por el bien de todos los involucrados. Estos seres divinos nos ayudan a mantener la perspectiva al darnos solamente lo que podemos procesar en cada momento.
- Mohini, la atractiva tentadora, simboliza los mayores desafíos para el discípulo espiritual: el orgullo y la ponderación de las virtudes propias, que son producto de la falta de integración del ego. Sólo cuando aceptamos que el orgullo mantiene la separación es que bajamos la cabeza con humildad y volvemos a sumergirnos en el campo unificado del mar de leche hasta alcanzar la autorrealización que buscamos.
- El amrita, o elíxir de la inmortalidad, es nuestro logro máximo.
- El hecho de que sólo la cabeza de Rahu se vuelve inmortal tiene que ver con la forma en que los hindúes entienden la reencarnación. Según esa perspectiva, la sabiduría esencial de nuestras experiencias se fundirá con el mar de leche eterno, mientras que

> las partes de nosotros que están sin domar e insuficientemente integradas volverán a la existencia terrenal para refinarse más.

Esta bella descripción del camino hacia la iluminación espiritual o la vida eterna pone de relieve los desafíos y oportunidades que todos enfrentamos en este momento particular. Como estamos en la fase quinta y final del cuarto mundo, todos estamos guiados a completar el karma y plasmar la esencia de todas nuestras creaciones de los últimos 26.000 años para que podamos avanzar más allá de nuestra separación, aunque sólo sea por un momento, y saborear el elíxir de la inmortalidad.

Este relato tradicional hindú nos enseña que el acceso a la capacidad de existir en el "ahora" solamente se logra a través de la tensión dinámica que se crea cuando se tratan de unir las fuerzas de atracción y repulsión. En otras palabras, a este espacio mágico en el que todo y nada existe sólo se accede mediante la integración de la dualidad y no simplemente eligiendo vivir en un polo e ignorando el otro.

El ahora de la inmortalidad existe cuando recordamos que nunca hemos estado separados, a no ser por las creencias limitadoras que existen en nuestras mentes.

La historia de Pat

Este importante mensaje me quedó reafirmado en el funeral de una querida amiga hace unos años. Mientras se realizaba el servicio, observé con fascinación cómo el espíritu de Pat danzaba en torno a su ataúd, haciendo comentarios sobre su calidad y presentándome con orgullo a su familia natural, a quienes sólo había conocido después de haber pasado de este plano terrenal. En varias ocasiones, tuve que reprimirme la risa al ver a Pat rebosar de alegría como alma libre de las restricciones del cuerpo físico.

Incluso se movía entre los enlutados, ofreciéndoles palabras de aliento y amor, exhortándolos a no afligirse por su paso a otra vida sino a que recordaran los momentos felices que habían pasado juntos. Entonces, cuando el sacerdote Católico comenzó su sermón, en el que entrelazaba doctrinas personales con sus sentimientos personales, Pat se acomodó bajo el púlpito para concentrarse bien en lo que oía, y asentía ocasionalmente, hasta que éste comenzó a hablar del pecado y la vergüenza.

"Los pecados de nuestra querida hermana Pat han sido perdonados, su vergüenza se ha limpiado y se le ha permitido su entrada en la mansión de Dios", dijo el sacerdote.

Inmediatamente, el espíritu de Pat entró en un estado de agitación y, con una voz tal alta que yo estaba segura de que toda la iglesia podría oírla, exclamó: "¡No, no, eso no es cierto! ¡La única vergüenza es que nadie me enseñó que siempre sería bienvenida en la casa de Dios! Ahora sé que mis creencias sostenidas mediante el miedo eran lo único que me hacía sentir indigna y mantener por tanto tiempo la separación".

Entonces se volvió a mí, me miró directamente a los ojos y dijo: "Nunca permitas que el estado ilusorio del miedo se interponga entre ti y tú verdadera conexión eterna con la fuente. No hay nada que tengas que hacer ni cambiar para ser aceptada en el reino de los cielos. No se trata de un lugar, sino de un estado de ser en el que ya reside tu yo luminoso, que espera a que tú des el paso sobre el umbral de la incertidumbre y, al fin, recuerdes".

4

EL DESIGNIO CELESTIAL

Ya hemos creado las condiciones para emprender un viaje espiritual que es esencial para esta época en particular de nuestra historia. Ha llegado el momento de alimentar el corazón con todas las gemas de experiencia y sabiduría de los últimos 26.000 años para poder cargar el Ka con la energía de la luz. Ha llegado el momento de recuperar pequeñas partes de nuestra conciencia que, si bien han servido de imán para la creación de nuestros sueños e ideas, las hemos abandonado cuando las cosas no nos han salido exactamente de la forma en que habíamos planificado.

Independientemente de sus expectativas, su conciencia ha quedado transformada por el suceso no hecho realidad. Por eso es que únicamente si llega a la esencia del asunto o el núcleo de la narrativa le será posible extraer la perla que espera dentro y ofrendarla a la Gran Madre como su humilde regalo a la conciencia colectiva.

En realidad, este ciclo de dar forma a nuestros sueños y luego volver a convertirlos en la esencia pura de la conciencia a menudo queda incompleto. Muchas ideas se frustran antes de alcanzar el pleno florecimiento del éxito, mientras que en otras ocasiones nos aferramos desesperadamente a sueños manifiestos sin darnos cuenta de que la consumación de nuestra alma se basa no solamente en alcanzar el éxito desde el punto de vista material sino también en disolver las formas hasta que vuelvan a ser pura conciencia.

Con todo, hay una parte de nuestra naturaleza que nunca olvida: el yo superior, el portador de nuestro plano esquemático espiritual. Es nuestro compañero constante, el que nos insta a seguir cuando nos quedamos estancados, el que nos exhorta a no hacer concesiones nunca en lo que respecta a la abundancia espiritual y el que nos proporciona abundante compasión, hagamos lo que hagamos. Al igual que otros aspectos de nuestro ser, su contribución a nuestro viaje espiritual se destaca en los relatos mitológicos de dioses y diosas, con lo que nos recuerda ante todo que somos seres inmortales.

El simbolismo de nuestra búsqueda espiritual ha quedado codificado en muchos sistemas antiguos de adivinación, como el tarot y la astrología. Nuestra capacidad de apreciar la sabiduría y el conocimiento contenidos en estos sistemas sagrados es directamente proporcional al nivel de apertura de la mente de nuestro corazón, que reconoce en forma inherente las pautas universales que fluyen a través de todos los procesos creativos.

MITOLOGÍA ASTROLÓGICA

La palabra *zodíaco* se deriva de una raíz griega que significa "círculo de pequeños animales". Si bien no todos sus símbolos son animales, las culturas indoeuropeas crearon un zodíaco de doce signos o constelaciones por las que el Sol parece pasar durante su viaje anual por los cielos, sobre lo que se conoce como eclíptica.

Cada una de las doce constelaciones está separada de la otra en treinta grados. Cada una simboliza una fase particular del relato mitológico del héroe del Sol y tiene un efecto subconsciente sobre este planeta y sus habitantes. Comenzando con Aries, el Carnero, las constelaciones alternan entre ser masculinas-positivas o femeninas-negativas; en el zodíaco hay seis constelaciones asociadas con cada polaridad. Cada una de las doce constelaciones está alineada además como una de las tres cualidades esenciales para la evolución espiritual. Se considera que estas cualidades son: mutable, fija o cardinal.

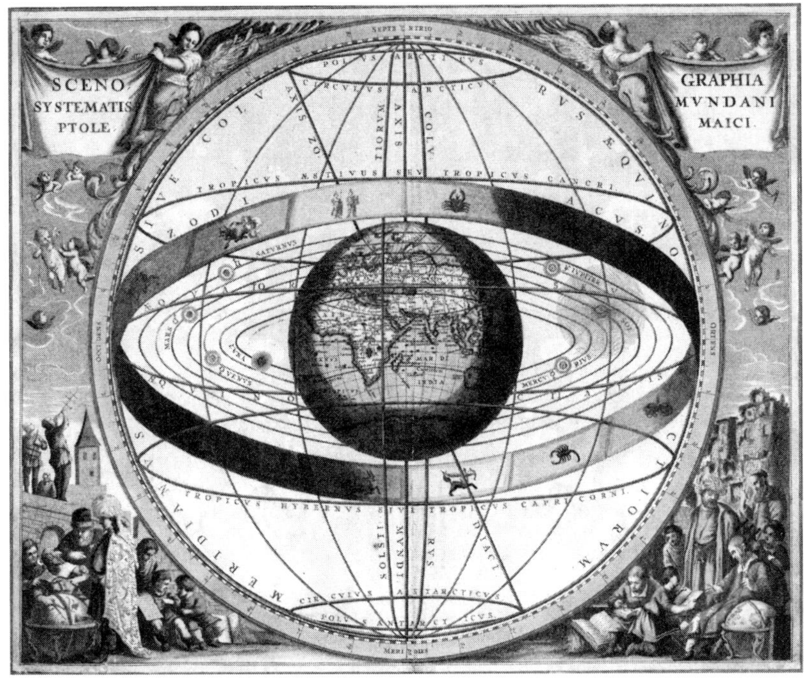

Mapa de los cielos (Andreas Cellarius, Atlas Coelestis Seu Harmonia Macrocosmica, *Amsterdam, 1660)*

Mutable: Géminis, Virgo, Sagitario, Piscis
Fija: Tauro, Leo, Escorpio, Acuario
Cardinal: Aries, Cáncer, Libra, Capricornio

Como puede ver, cada cualidad está representada por cuatro signos, que crean conjuntamente una cruz. Según Alice Bailey, quien canalizó las enseñanzas sagradas y alquímicas del maestro tibetano Djwhal Khul, nuestra búsqueda espiritual exige que incorporemos simbólicamente cada una de las cruces para poder alcanzar la iluminación espiritual.[1]

A continuación figuran el significado y el símbolo esotérico de cada cruz:

La cruz mutable: un lugar de acción, reacción experiencia y despertar de la conciencia. El símbolo es la esvástica, un antiguo signo que refleja la libertad que tenemos cuando aprendemos a dominar nuestros pensamientos y deseos. Cada signo del zodíaco de la cruz mutable representa una perspectiva distinta para la mente:

Géminis: la conciencia de la dualidad
Virgo: la fusión del espíritu y la forma a través de la autorreflexión y la contemplación del yo
Sagitario: conciencia focalizada en la verdad
Piscis: resplandor mezclado a través de la conciencia universal, que permite al individuo ascender a la cruz fija

La cruz fija: un lugar de transmutación donde el deseo se convierte en aspiración y el egoísmo, en un actitud desinteresada. El símbolo es una cruz con cuatro brazos de igual longitud. Cada signo del zodíaco incluido en la cruz fija refleja el tipo de recursos que servirá de sustento a nuestro viaje espiritual.

Tauro: la riqueza que vive por dentro, a la espera de manifestarse
Leo: la abundancia y riqueza de la forma manifiesta
Escorpio: el caudal de experiencia adquirida a través de pruebas y tribulaciones
Acuario: la riqueza de la conciencia de grupo al extraerse al fin la esencia de la luz de la forma manifiesta, lo que permite al individuo ascender a la cruz cardinal

La cruz cardinal: un lugar de trascendencia donde el individuo queda libre de las limitaciones del mundo físico y se pone al servicio de la conciencia universal. El símbolo de la cruz cardinal es una X; cada signo del zodíaco en la cruz cardinal simboliza las aptitudes creativas inherentes al individuo.

Aries: porta una conciencia creativa latente que exhorta al individuo a asumir el riesgo de crear

Cáncer: el plan creativo en manifestación empuja al individuo hacia la conciencia de su capacidad de manifestar su propia realidad
Libra: el plan creativo hecho realidad en la conciencia desafía al individuo a utilizar sabiamente estos dones
Capricornio: la transformación de la percepción consciente en esencia pura a través del fuego perpetuo; el individuo se convierte en su propio iniciador como místico

Es importante señalar que las afirmaciones anteriores no están relacionadas necesariamente con nuestro signo del Sol ni con la ubicación de ninguno de los planetas en la carta natal. En lugar de ello, se refieren a una comprensión esotérica de los logros espirituales; cada cruz nos conduce hacia nuestra meta espiritual de vida eterna. Pero también es cierto que, actualmente, la humanidad en su conjunto se encuentra situada sobre la cruz fija, lista para ascender a la cruz cardinal a través del portal de la era de Acuario, que ahora mismo está comenzando su ciclo anual número 2100. Esto representa una época de responsabilidad propia, conciencia de grupo, conciencia social y distanciamiento de los deseos y aspiraciones personales.

LA PRECESIÓN DE LOS EQUINOCCIOS

Al encontrarnos a horcajadas entre dos grandes épocas, la era de Piscis y la era de Acuario, es probable que éste sea un buen momento para explorar el significado planetario de esa transición. Para los antiguos, estos cambios eran extremadamente importantes en el sentido de que estas personas eran profundamente conscientes de que el movimiento de los cuerpos celestiales surtía un efecto sobre nuestra conciencia por medio de la descarga de energía arquetípica. Tal vez muchos lectores se sorprendan al saber que estos conocimientos astrológicos se encuentran presentes en el libro más leído del planeta: la Biblia. Entre sus páginas encontramos referencias a un proceso astronómico y astrológico que puede transportarnos hacia el futuro o hacia el pasado y proporcionar-

Movimiento de las estrellas en torno a la estrella polar

nos, con respecto a nuestros antepasados, revelaciones que van mucho más allá del alcance de la mayoría de los textos históricos.

En esencia, estas enseñanzas están relacionadas con un proceso que se llama *precesión de los equinoccios*. Esto se refiere a una lenta "oscilación" de la Tierra sobre su eje. Esta oscilación tiene lugar a lo largo de un período de 26.000 años y ocurre en la dirección opuesta a la rotación normal de la Tierra. A esta fluctuación se debe que la Estrella Polar sea el astro en torno al cual parecen girar todos los demás cuerpos celestes. Pero esto no siempre será así porque, con el paso del tiempo, debido a la oscilación, Vega pasará a ser la estrella polar (aunque para esto todavía faltan varios miles de años).

Desde el punto de vista astrológico, aproximadamente cada 2100 años ocurre un cambio en la alineación de la Tierra con el Ecuador celeste, lo que da paso a una nueva era o época y, con ella, a una nueva frecuencia de conciencia para la humanidad. El hecho de que en la Biblia haya referencias a estas distintas épocas indica claramente que sus autores comprendían la naturaleza de la precesión de los equinoccios. Actualmente, con la transición de la era de Piscis a la era de Acuario, estamos sintiendo la influencia de ambas energías arquetípicas. La primera hace que una gran parte de la población ceda su poder a una autoridad superior, mientras que la segunda nos recuerda que nosotros mismos somos la autoridad.

La era de Piscis, el pez (0 d.C. a 2100 d.C.)

A lo largo de los últimos 2000 años, bajo la influencia del pez, ha tenido lugar una expansión en las cuestiones religiosas y espirituales, el misticismo y los esfuerzos creativos. Naturalmente, esto hizo que surgieran muchos gurús y líderes que rápidamente atrajeron seguidores: hombres y mujeres que muy gustosamente cedían su propio poder para evitar la responsabilidad personal. Pudo haber sido una época de unificación de la humanidad, pero en la práctica quizás han sido los dos milenios más sangrientos de su historia. Se han formado facciones en torno a estos gurús y líderes, y sus batallas se siguen librando hoy en distintas partes del mundo.

Dado que esta era gestó al cristianismo, muchos principios cristianos se basan en las energías arquetípicas de Piscis. El pez es una representación común de la fe cristiana. Jesús escogió a sus discípulos entre pescadores y sus milagros a menudo estaban relacionados con el agua, como el de caminar sobre el agua y convertir el agua en vino.

Esperemos que, con la llegada de esta era a su fin, seamos capaces de percatarnos de nuestras falsas ilusiones, hacer frente a nuestras adicciones y comprender verdaderamente la unidad que se alcanza al valorar la diversidad.

La era de Aries, el carnero (2000 a.C. a 0 d.C.)

Esta era empezó cuando el gran pastor Moisés guió a su pueblo en su éxodo desde las tierras de Egipto. Pero su gente no había dejado atrás la vieja época. Tan pronto Moisés dio la espalda, crearon un becerro de oro para reafirmar su conexión con la anterior era de Tauro, el toro.

Muchas religiones concebidas en ese período aún consideran que el carnero o el cordero son sagrados. De hecho, estos animales aparecen a menudo en los relatos mitológicos de muchos pueblos. En esta era también dio inicio el patriarcado, que marcó el distanciamiento del matriarcado, basado en Tauro, y provocó un aumento en las guerras (Aries está regido por Marte, dios de la guerra.) Al final de la era (hace dos mil años), los pastores fueron los primeros en dar la bienvenida al niño

Jesús, lo que supuso una transición de la conciencia de la humanidad de la era del carnero a la del pez.

La era de Tauro, el toro (4000 a.C. a 2000 d.C.)

Esta era inspiró sobre todo el surgimiento de sociedades matriarcales y agrícolas a medida que la humanidad dejó de aferrarse al estilo de vida nómada característico de la era de Géminis; ahora la gente estaba dispuesta a convertirse en guardianes de la tierra. Ésta fue la era en que el patriarca Abraham dio origen al judaísmo y al islamismo, aunque la insistencia de Sara en tener un hijo fue lo que en realidad condujo al nacimiento de estas dos grandes religiones y su posterior enfrentamiento.

Durante esta época, Hathor, la diosa vaca celestial, era la reina suprema de Egipto, donde prometía abundancia a su pueblo. Todas las religiones concebidas en esta época aún consideran sagrado al toro.

La era de Géminis, los gemelos (6000 a.C. a 4000 a.C.)

Es poco lo que se sabe de esta era aunque, a partir de nuestro conocimiento del simbolismo astrológico, cabe suponer que durante estos años la conciencia de la gente estaba centrada en el intelecto y en el desarrollo de habilidades de comunicación cada vez más avanzadas. También serían comunes la existencia nómada y la polinización cruzada de ideas, filosofías e idiomas en distintas partes del mundo.

La era de Cáncer, el cangrejo (8000 a.C. a 6000 a.C.)

Como sucedió con la era anterior, quedan pocas señales que nos revelen algo sobre la conciencia de la gente en esos años. Lo que está claro es que los principios de lo femenino habrían tenido precedencia; el hogar, el sustento afectivo y la familia eran las principales prioridades.

La era de Leo, el león (10.000 a.C. a 8000 a.C.)

De la era de Leo sí sabemos algo, pues aún queda en pie una creación de esa época: la Esfinge. En la meseta de Giza, donde todos pueden verla, encontramos una figura mitad humana y mitad león, que se dice que es

La Esfinge

el símbolo de Sejmet, la diosa leonesa del tiempo. La Esfinge, de la que se sabe que es mucho más antigua que las pirámides y que está hecha de roca natural, tiene aún las huellas de la presencia de agua salada. Esto nos dice que fue tallada cuando esa zona estuvo rodeada de agua de mar hace unos 9000 a 10.000 años, durante lo que se conoce como el período del diluvio universal, época que se ha vinculado con la construcción del Arca de Noé. En esa época, el poder y la autoridad personales eran lo más importante y los humanos se consideraban reyes de la jungla.

Ahora que estamos a punto de entrar en la era de Acuario, el signo del zodíaco que queda directamente opuesto a Leo, podemos preguntarnos qué dirían nuestros antepasados acerca de nuestro progreso. El propio Jesucristo dejó una pista sobre los tiempos futuros. Cuando sus discípulos le preguntaron cómo lo encontrarían, respondió: "Sigan al hombre que lleva un cántaro de agua" (Lucas 22:10). Este hombre con un cántaro es el símbolo de la era de Acuario y revela que el campo unificado de la conciencia del Cristo no se encontrará en un solo hombre sino en todas las cosas de este planeta que contienen vida, durante el nuevo mundo del quinto sol.

5

EL PLANO ESQUEMÁTICO RADIANTE

Comencemos ahora nuestro viaje, reconociendo que los doce pasos que estamos a punto de emprender han sido aplicados por los místicos durante miles de años en su búsqueda de vida eterna. Como es de entender, nuestro punto de partida es el océano de posibilidades donde todo espera a su manifestación. Si en la actualidad nos encontramos suspendidos entre el cuarto y el quinto mundos, asimismo experimentamos una pausa momentánea entre cada respiración cuando todas nuestras opciones están potencialmente abiertas. La próxima inhalación, o inspiración, hace que la atención se focalice en el océano de posibilidades y comience así todo un nuevo ciclo.

Este estado de potencialidad dinámica se refleja en el arquetipo de la Virgen, cuyo nombre, contrariamente a la creencia popular, no indica a una muchacha inocente y sin conciencia de su sexualidad, sino que significa "ser completo en uno mismo sin necesitar a otro que lo complete". La Virgen, a quien a menudo se representa de blanco, irradia un estado de totalidad en espera de manifestación y experiencia. Como analogía, cuando compramos un rompecabezas, aunque la imagen en la tapa de la caja revela la solución, sólo si trabajamos pacientemente con cada pieza podremos recrear la imagen a partir de los elementos básicos contenidos en la caja.

La Virgen puede describirse como:

- Nuestro yo superior, que no encarna en la forma física
- Nuestro plano esquemático espiritual que espera su manifestación
- Nuestro registro akáshico, que constituye una crónica de la conciencia de nuestra existencia
- Nuestro yo sin realizar o sin manifestar
- La imaginación, que contiene todas las simientes de las posibilidades
- La conciencia colectiva, que espera atención
- La perfección energética
- Nuestro yo holográfico, en el que todo está esencialmente presente

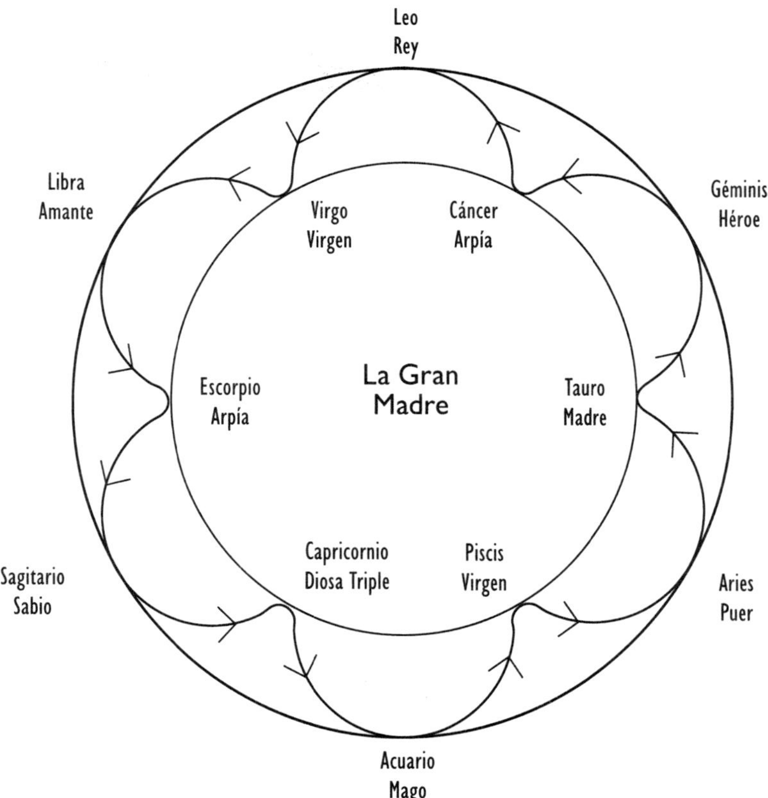

El ciclo creativo que conduce a la vida eterna

El signo astrológico vinculado con este estado dinámico de potencialidad es Piscis, simbolizado por dos peces que nadan en direcciones opuestas y que están unidos por el centro. Esto constituye un recordatorio de que en Piscis estamos a horcajadas entre los mundos de la posibilidad y la probabilidad, en los que el centro de nuestra atención es el catalizador que impulsa la situación en una dirección u otra.

Éste es el mundo de la transitoriedad y la oportunidad, siempre que recordemos que sólo es posible entrar en el campo unificado de la potencialidad si comprendemos los principios de la dualidad.

♓ PISCIS

Cualidad: mutable; se fusiona con la conciencia universal

Alquimia: Coagulación; unidad con todas las formas de conciencia

Polaridad: femenina; Virgen, yo superior, el yo inmanifiesto, alcanzar la totalidad dentro de uno mismo

Fase de Luna Nueva: germinar y brotar

Al igual que con las fases de la Luna y la descripción del árbol de la luna, vemos estos dos peces mantenidos en tensión dinámica por sus energías conjuntas, que atraen y sustentan al mismo tiempo que oponen y destruyen. Éste es el mismo principio representado por el símbolo del yin y el yang, en el que el "ojo" de cada pez es la simiente de la fuerza contraria que se alimentará de la decadencia del cuerpo.

Entre los dos peces en el signo de Piscis se encuentra el enlace que simboliza la fuerza central fluida que es la fuente de su existencia y

Símbolo del yin y el yang

está alimentada por su interacción. Esta trinidad simbiótica es un tema recurrente que se repite a lo largo de nuestro viaje, y nos recuerda que nada ni nadie en ese planeta puede existir por separado; todos somos interdependientes.

Así pues, la trinidad puede representarse mediante los siguientes símbolos:

- **La Diosa Triple:** la dualidad representada por la Virgen y la Arpía, con la Madre como viga central
- **La Trinidad cristiana:** la dualidad representada por el Padre y el Hijo, con el elemento central del Espíritu Santo o la Madre
- **La Luna:** la dualidad representada por la oscuridad y la luz, con el elemento central de la esfera o vasija desde la cual aparece y desaparece

En resumen: La inmortalidad es un movimiento dinámico de energía entre distintas dimensiones de existencia que al mismo tiempo alimentan y son alimentadas por una fuente eterna de vida.

LOS GUARDIANES ETERNOS DE LA HISTORIA

Hay un animal que tipifica las cualidades esenciales anteriormente descritas: la ballena. Este imponente mamífero recorre los inmensos océanos de nuestro planeta y, en su campo energético con ondas de sonar, porta los archivos de nuestra conciencia colectiva o, en otras palabras, el registro akáshico del mundo. Basta con leer el relato de Jonás, que fue tragado por una ballena (Mateo 12:40), para darnos cuenta de que este gran mamífero es capaz de realizar grandes transformaciones alquímicas, las que tienen lugar un segundo tras otro mientras la ballena emite sus ondas de sonido a través del medio acuático. Desde el punto de vista simbólico, los tres días que pasó Jonás en el vientre de la ballena representan su inmersión en su propio registro akáshico o plano esquemático espiritual, lo que lo hizo salir como un hombre completamente cambiado.

Ballena jorobada

El paralelo para la humanidad es que nosotros mismos también tenemos que ser tragados metafóricamente por nuestro yo superior, de forma que volvamos a conectarnos con nuestras raíces espirituales y evolucionemos hasta el próximo nivel de conciencia, listos para el surgimiento del nuevo mundo. No estamos solos en este proceso, pues la ballena emite constantemente redes de creatividad a través de las ondas de sonar hacia los océanos de posibilidades, para ayudarnos a recordar nuestra conexión inherente con la Gran Madre. Cada ser humano está compuesto por un 70 por ciento de agua, por lo que es imposible que no recibamos estos mensajes, aunque tal vez nos lleguen de forma subliminal con un lenguaje que sólo el corazón puede descifrar. Resulta interesante señalar que en los últimos años las canciones de las ballenas han ido cambiando y nos alinean con las nuevas frecuencias de conciencia que están en resonancia con la transformación de la Tierra y sus habitantes.

Desafortunadamente, en ese mismo período las fuerzas navales de los Estados Unidos e Inglaterra han registrado un aumento en la práctica de enviar a los mares ondas sonoras de frecuencias extremadamente bajas (FEB), con el objetivo evidente de mejorar las comunicaciones entre submarinos. Como resultado, ha habido un aumento en el número de ballenas y delfines encallados al dañarse sus sistemas de sonar. ¿Será que quienes tienen la autoridad de ordenar este tipo de maniobras están tratando de perturbar la comunicación de estos maravillosos mamíferos con los seres humanos? ¿Será que hay ciertos poderes que prefieren que no recordemos que somos ante todo poderosos seres eternos?

LA VIRGEN: PUREZA RADIANTE

A medida que profundizamos en nuestro estudio de la Virgen dentro de la mitología y su relación con la integridad y la pureza, está claro que una de sus representantes en tiempos recientes dentro del mundo cristiano es la Virgen María. Desafortunadamente, la imagen de María ha sido objeto de tanta exaltación que muchos de sus seguidores se han perdido en su sombra. Sin embargo, es importante comprender que su quintaesencia de pureza —contrariamente a la creencia popular— se relaciona no solamente con la bondad humana, sino con una autenticidad en la que no existen velos. Nada queda oculto y la Virgen María, en la plenitud de su ser, irradia pura luz blanca.

Una vez hecha esta distinción, es mucho más fácil reconocer que ya llevamos por dentro el plano esquemático de la perfección o integridad espiritual, que, al igual que la portada del rompecabezas, simplemente está a la espera de manifestarse. Así es más fácil comprender por qué a menudo se representa el arquetipo de la Virgen como célibe, pues es más exacto decir que ella no necesita a otro ser que la complete. Imagínese un mundo en el que nuestras relaciones no se ven limitadas por el miedo al rechazo ni la dependencia exagerada de otras personas para poder conocer la totalidad. Imagínese la alegría de encontrarse simplemente en presencia otra alma que conoce y confía en su propia integridad implícita.

Tal expresión del arquetipo de doncella pura es relativamente poco común en nuestra sociedad, aunque definitivamente puede verse en los niños de cristal que plasman los principios del quinto mundo etéreo. Estos jóvenes están fuertemente conectados con la fuente de su inspiración y, por tanto, con su plano esquemático espiritual, por lo que no parecen necesitar la crianza de sus padres en el sentido tradicional. Se ven seguros de sí mismos y distanciados, pero aún así irradian una presencia compasiva. Apenas podemos imaginarnos cómo cambiará la apariencia exterior de las relaciones cuando estos niños lleguen a la edad adulta. Al ser "completos en sí mismos", sus interacciones se verán libres de la adhesividad que suele acompañar a las expectativas no expresadas y la baja autoestima.

Al nivel esotérico, el hecho de que la Virgen no necesita a otro ser que la complete equivale a decir que, como ella reside en el campo unificado donde no hay separación, carece del concepto de *otro* y, en lugar de ello, se concentra en la valoración de *nosotros*.

Brígida: Guardiana de los fuegos de la creatividad y la fertilidad

Al mismo tiempo que honremos la totalidad esencial y energética de la Virgen, también tenemos que reconocer que esta energía de potencialidad busca su manifestación el mundo, que está simbolizada por la Virgen que da a luz al niño. Este concepto lo tipifica la joven cuyas semillas de creación —sus óvulos— ya están desarrolladas por completo en el momento de su nacimiento, a la espera de su momento de fertilización.

Conocemos así a Brígida, una de las diosas vírgenes celtas. Su efecto en los ciclos de la creatividad y fertilidad aún se recuerda en Imbolc, el festival de las ovejas lactantes que anuncia el regreso de las fuerzas vitales de la primavera los días 1 y 2 de febrero según el calendario celta. Se le ha conocido por muchos nombres, como Bride, Brigantia, Brigit, Bridey y Bridget (su nombre cristianizado), pero todos significan lo mismo: "ardiente flecha del poder".

Hay algunos indicios de que su influencia cultural data desde antes del período celta y quizás se remonta a la época de la construcción en Inglaterra de los sitios megalíticos de Avebury y Stonehenge, cuyas enormes piedras se conocen como *bridestones* (piedras de la novia). Según otros relatos, Cailleach, nombre escocés de la Bruja o Arpía divina, aprisiona a una doncella llamada Brígida en la cumbre de Ben Nevis. Cuando el propio hijo de Cailleach se enamora de Brígida y ambos deciden fugarse juntos al final del invierno, Cailleach envía terribles tormentas para impedir su unión. El amor triunfa al final, cuando la Arpía queda convertida en piedra, con lo que la pareja queda en libertad de disfrutar su vida juntos.

Este relato muestra el maravilloso equilibrio entre la Virgen y la Arpía, pues pone de relieve el dominio de Cailleach en los meses de invierno y el de la Bride o Brígida durante el verano.

En la mitología celta, Brígida es hija del dios irlandés Dagda, famoso por su gran poder; su caldera de abundancia eterna (conocida también como el Santo Grial) y su arpa mágica de roble, que establece el orden en las estaciones del año. Muchas de estas habilidades son heredadas por sus descendientes. En este caso, Brígida es vista como diosa del fuego, cuyo cabello brilla como los rayos dorados del Sol.

Como se ha mencionado en referencia a los ciclos lunares, muchos fuegos antiguos se dedicaban a Brígida; los más famosos se encuentran en Kildare, Irlanda. Pero sus fuegos de continua fertilidad y creatividad también estaban representados por otros símbolos:

- El fuego del hogar, que representa el centro del hogar o la comunidad a partir del que se encienden todos los demás fuegos, a fin de garantizar la continuidad de la creatividad, la prosperidad y la abundancia. Estos fuegos perpetuos, que representan nuestro cora-

El Pozo de Bride en Glastonbury

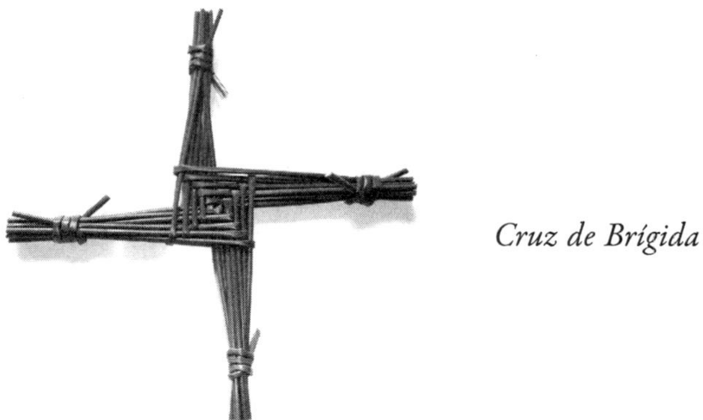

Cruz de Brígida

zón, nos ofrecen garantías de nuestra propia abundancia eterna siempre que los sustentemos alegremente con amor.

- El fuego de la inspiración, que se ve especialmente en la poesía y las canciones, en el que las palabras transmiten la frecuencia de la percepción y la intuición puras.
- El fuego sanador que se encuentra en los pozos sagrados. Hay en Gran Bretaña muchos sitios como éstos, que están dedicados a Santa Bride o Santa Bridget. Las aguas de estos pozos, ricas en minerales, crean el equilibrio perfecto entre el fuego y el agua utilizados en el proceso de purificación y transformación o sanación alquímica. Con el paso del tiempo, muchos de estos pozos han quedado cubiertos u ocultos y solamente ahora están volviendo a aparecer. Algunos de los más famosos se encuentran en Cullin, en las cercanías de Mullingar, en el montículo de Santa Bride en Glastonbury, y en la iglesia de Santa Bride en Londres.
- El fuego sexual vinculado con la energía serpentina del kundalini y que se considera como un fuego interior que nos lleva al estado de autorrealización.
- El fuego de la transformación que refleja las habilidades del herrero, quien dobla y tuerce el metal hasta crear un objeto de gran belleza. En su calidad de maestra alquimista, Brígida se vale de su energía sexual (kundalini) para convertir la conciencia elemental en la esencia dorada de la iluminación.

Hasta el día de hoy, la síntesis de estas cualidades fogosas está entretejida simbólicamente en una cruz dedicada a Brígida. Esta cruz se crea a partir de tallos torcidos de cebada o maíz y se utiliza en el festival de Imbolc. Su diseño específico expresa naturalmente un movimiento que refleja el nacimiento de un nuevo ciclo de vida, cuando la conciencia asciende en espiral al nivel siguiente.

Palas Atenea: La guardiana de nuestra sabiduría

El siguiente rostro de la Virgen es el de una guardiana de la sabiduría o de nuestro yo superior, que nos guía en un viaje de regreso a la integridad. En la mitología, quien expresa estas cualidades es la diosa virgen Palas Atenea, cuyas raíces se remonta a una época mucho más antigua que la civilización griega y que originalmente surge a partir del elemento del agua, de modo similar a muchas de las grandes diosas doncellas. Incluso se piensa que vivió entre nosotros como ser iluminado o como maestra ascendida durante la civilización de Lemuria hace unos 100.000 años.

Atenea representa los principios de la verdad y la sabiduría que, a diferencia de lo que opinan los pragmáticos y fundamentalistas, no están tallados sobre la piedra sino que surgen a partir de nuestras propias y singulares experiencias creativas dentro del universo holográfico. Atenea nos habla a través de nuestra intuición. Este susurro casi imperceptible de razón o conocimiento interior mantiene la conexión con nuestro plano esquemático espiritual y nos insta a manifestarlo plenamente en el mundo. Luego, al llegar el momento preciso, esta voz está a nuestro lado, instándonos a dejar que lo viejo muera para que la esencia de la experiencia pueda extraerse como luz, llevándonos a nuevos niveles de conciencia y a la creación de un nuevo plano esquemático.

Con el surgimiento de la civilización griega y su marcada inclinación patriarcal e intelectual, se determinó que si Palas Atenea iba a seguir guiando a su pueblo, su personalidad debía modificarse para que fuera aceptable por igual para hombres y mujeres. Por eso se cambió su leyenda y se dijo que, en lugar de haber nacido de las aguas del océano, había surgido de la cabeza de su padre, Zeus, completamente cubierta

Palas Atenea

por una armadura, protegiendo su femineidad y preparada para canalizar su sabiduría a través de la mente.

Con el paso del tiempo y a pesar de la tendencia masculina a solidificar la sabiduría hasta convertirla en dogma, la diosa mantuvo viva la cualidad intemporal y esencial de la verdad por medio de las artes, la intuición y la inspiración. Pero su influencia era tenue y su conocimiento introspectivo a menudo era considerado una "fantasía femenina" que, según la percepción de la época había surgido de los reinos caóticos de un subconsciente no estructurado que debía controlarse a toda costa.

Afortunadamente, Jung y otros grandes psicólogos llegaron a la escena justo a tiempo para ser testigos de la energía arquetípica de Palas Atenea. A través de su investigación, demostraron al mundo que la evolución espiritual se ve muy limitada cuando sólo se examina a través de la óptica de la mente lógica. Se ha abierto la puerta al regreso de Palas Atenea y hoy podemos verla cómodamente erguida, completa en su propia desnudez y sin necesitar defensas mentales. Nos exhorta a todos a que la sigamos, a que salgamos de los esquemas convencionales y a que nos demos cuenta de que lo que llamamos el inconsciente o la imaginación es en realidad el océano de posibilidades del cual surgen todos los sueños y al cual regresa toda la sabiduría.

Quizás una de las cuestiones más difíciles en estos tiempos es que, a pesar de que muchos están optando por despertar ante su potencial, no hay una única ruta ni un sendero particular que seguir, y tampoco hay un maestro o un mesías que nos diga qué hacer. La vieja era de Piscis está feneciendo. En ella, siempre podíamos contar con un gurú o un líder que nos mostrara el camino. Ahora que entramos en la era de Acuario, se nos pide que desarrollemos la conciencia propia; cada cual debe aceptar la responsabilidad de expresar plenamente su alma encarnada y así, juntos, avanzar como un grupo de seres altamente individualizados y conectados.

No es fácil dejar de ceder nuestro poder a una figura de autoridad y empezar a asumir la responsabilidad por los efectos de ese poder. Nos hemos acostumbrado a buscar soluciones fuera de nosotros, alentados por quienes se dedican subversivamente a perpetuar ese patrón para poder mantener su propio poder y hacer que sigamos siendo dependientes. Pero los tiempos están cambiando y, aunque sea inconveniente tener que asumir la responsabilidad de nuestras creaciones, nos produce alivio no tener que:

- Hacer lo imposible con tal de que otros sean felices
- Usar máscaras para disimular nuestra verdadera naturaleza o para no enojar a otros
- Empequeñecernos o quedarnos dentro de una caja cuyos límites nos producen incomodidad
- Ser la proverbial clavija redonda en un agujero cuadrado
- Llevar con nosotros arrastres ancestrales con miedo de que, si nos deshacemos de ellos, no tendremos propósito en la vida
- Dedicarnos a algo que sabemos hacer bien pero que ya no nos alegra el corazón

- Convencernos de que mañana será suficiente por lo que se refiere a buscar nuestra dicha

Éste es el momento y el lugar. Hemos llegado... ¡y la Virgen se llena de júbilo! Atenea, que sostiene el plano esquemático de nuestra encarnación, es nuestra compañera constante, que nos insta a seguir adelante cuando el miedo nos paraliza, que se sienta con nosotros cuando estamos agotados y necesitados de descanso y que celebra con nosotros cuando estamos en resonancia con la luz de nuestra verdadera naturaleza.

La intuición es más que un simple conocimiento intelectual. Es una vibración que está en resonancia con el pulso de nuestra alma y hace que el sueño se convierta en realidad. A pesar de este mecanismo natural de creación, hay muchas desviaciones potenciales que pueden hacer que una idea no llegue a manifestarse. Estas desviaciones se basan en el miedo, con inclusión del miedo al fracaso, el miedo a lo desconocido y el miedo a perder el control. Pero la Virgen es paciente y está dispuesta a esperar hasta que nos demos cuenta de que:

- Nuestras acciones sólo son juzgadas en nuestras propias mentes.
- Lo probado y trillado generalmente conduce al estancamiento, mientras que lo desconocido conduce a un océano de posibilidades.
- El verdadero control se obtiene al seguir el llamado impredecible del alma.

Palas Atenea nos insta a seguir lo que más robustezca a nuestro ser interior, reavivando el fuego eterno y apartándonos de situaciones basadas en el miedo que nos separan del plano esquemático del deseo de nuestros corazones. Palas Atenea nos ofrece esta sencilla pregunta que podríamos aplicar a todas nuestras acciones: ¿Mis actos se basan en el amor o en el miedo? El amor propicia la conexión; el miedo tiende a la separación.

Como veremos, la presencia de Atenea nunca nos abandona. Su verdad es siempre la misma. Nos insta a seguir lo que nos entusiasme, nos sustente y nos conecte con los deseos de nuestros corazones.

6

DE NIÑO A REY

Las cinco fases siguientes del viaje espiritual describen el desarrollo de un sueño o una idea que va abriéndose paso desde su lugar de descanso, fortaleciendo su núcleo y que, a la postre, se yergue con orgullo, enseñoreándose de todo lo que abarca con su vista. Tomadas en conjunto, estas fases representan el desarrollo del primer tramo de la vara mágica, que en términos esotéricos se conoce como el *ida,* que va por la columna vertebral desde el chakra de base hasta el de la corona.[1] Durante su desarrollo, la energía se transforma desde las frecuencias superiores del espíritu hasta las frecuencias más densas de la materia, cuando el niño se convierte en rey.

En este momento crítico de nuestra historia, esta mitad del ciclo es de cierto modo menos importante que las fases finales, en las que el rey debe poner a un lado su corona, hacer frente a sus demonios y,

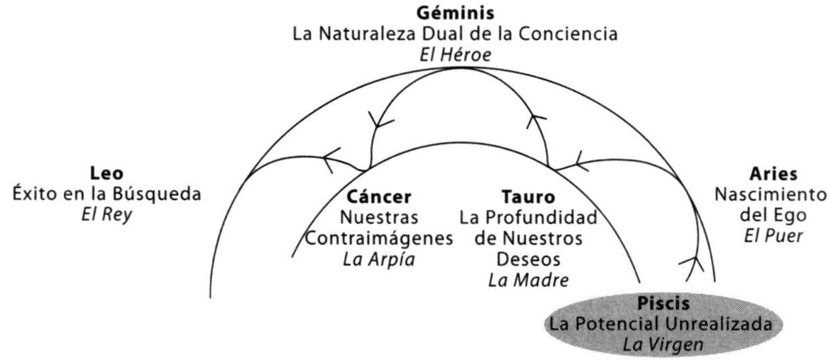

Las cinco fases de la inspiración

finalmente, volver a morir en el océano de la Gran Madre, donde dejará atrás todo concepto de separación. Pero nuestra capacidad de cumplir nuestro destino espiritual está predeterminada por la fuerza de nuestros éxitos, pues esta energía es lo que nos sostendrá durante nuestro paso por el inframundo.

La mayoría de nosotros en un momento u otro hemos probado el dulce néctar del éxito y hemos sentido el gran regocijo que nos produce el hecho de ver nuestras ideas creativas hacerse realidad. Sin embargo, tenemos sueños que aún esperan su manifestación pero que han sido abandonados debido al miedo a lo desconocido, a la falta de estímulo o a la incapacidad de valorar el verdadero sentido del éxito. Es posible que hayamos optado por guardar en convenientes armarios estos proyectos sin terminar, creyendo que algún día completaremos el ciclo. Ese día ha llegado y nos recuerda que morir con un pesar es una de las mayores expresiones de tristeza del alma.

En este momento, vemos que son pocas las personas que han creado algo nuevo. La mayoría simplemente está terminando tareas que languidecieron sin atención durante años e incluso durante varias vidas. A esto se debe que incluso una relación personal nueva pueda tener un aroma de familiaridad, porque nos estamos reconectando con un amigo del alma después de cientos de años y hemos escogido este momento para llevar esa relación a vías de hecho.

Es hora de que abramos esos cajones y armarios y seleccionemos lo que se puede finalizar como parte de la consumación del alma y lo que debemos dejar morir porque ya no sustenta el alma. Al asumir este desafío, es importante incluir nuestras relaciones, metas, trabajos y listas de cosas por hacer, y determinar lo que nos aporta luz y felicidad y lo que nos resulta una carga.

Para ayudarle en esta "limpieza primaveral", examinaremos una por una cada fase de la inspiración, con el propósito de hacer que la memoria entre en acción y determinar ante todo por qué se creó la situación o la circunstancia, teniendo en cuenta que, en lo fundamental, somos creadores de nuestra percepción de la realidad.

NACE EL NIÑO O EL EGO

La Virgen está lista y sus óvulos de potencialidad quedan a la espera del esperma pero, ¿cuál es el impulso que nos hace fertilizar nuestras ideas, comenzar un nuevo proyecto, decidir asumir un riesgo o buscar nuevos pastos que explorar? Es posible que la Virgen nos ofrezca percepciones intuitivas de nuestro plano esquemático y la energía de la creación, pero eso no significa que ella sea la que decide focalizar la atención, dando inicio a todo un nuevo ciclo de creatividad. A muchos se les ha inculcado que Dios es quien toma esas decisiones. Ceden su autoridad cuando dicen: "A mí no me corresponde saber o entender, sino simplemente hacer. Hágase Tu voluntad, no la mía".

Sin embargo, tenemos por dentro un instigador que sabe cómo poner en marcha la creatividad al concentrarse en el océano de posibilidades y hacer que la energía de la Virgen dé inicio a su transformación en materia. Se trata de la Mente Única de los alquimistas, simbolizada por la determinación y la fuerza de voluntad del Carnero, vinculado con el signo astrológico de Aries. Esta exhortación a la aventura tiene lugar mucho antes de que abandonemos el vientre de la madre y queda registrada universalmente desde que nuestra alma accede a encarnar en la Tierra en este momento en particular. Pocas personas pueden recordar este instante en forma preconceptual (y la mayoría de la población todavía no ha logrado entender cómo es que se dejaron timar para aceptar semejante oferta).

♈ ARIES

Cualidad: cardinal; la conciencia creativa latente y el poder de crear

Alquimia: calcinación; trascender los límites del colectivo

Polaridad: masculina; puer, aventura, curiosidad e inocencia

Fase de Luna Nueva: germinar y brotar

Si bien podemos preguntarnos por qué hemos aceptado esa oferta, es importante recordar que efectivamente accedimos a esta aventura al reconocer que es una oportunidad excepcional para el crecimiento y la transformación del alma. Así, hemos creado las circunstancias perfectas, en las que hemos pedido a familiares, amigos, compañeros, sociedades, nacionalidades, géneros, e incluso a enemigos, que nos ayuden a dar vida a nuestro plano esquemático espiritual. Pudiera decirse que algunos de nosotros hemos hecho elecciones extrañas, ¡pero a nosotros es a quien nos corresponde saberlo, sin que otros nos juzguen!

Es bueno reconocer que la fase de puer de este ciclo no se limita a nuestro nacimiento físico, pues en realidad pasamos por esa fase muchas veces en una vida. En cada ocasión surgimos del océano de la Gran Madre como un recién nacido deseoso de volver a empezar y quizás de hacer las cosas de una forma distinta sobre la base de la sabiduría adquirida con la experiencia. Bajo la protección de la Virgen, nos sentimos motivados a abandonar la seguridad y comodidad de lo conocido y buscar nuestra propia individualidad irrepetible. Esto se conoce también como el desarrollo del ego.

La Virgen es quien deposita la semilla de una idea en el cáliz de nuestras mentes, sabiendo que deberá pasar cierta cantidad de tiempo antes de que la idea vea la luz del día. Su voz de determinación es la que nos exhorta sin previo aviso a que nos alcemos, dejemos atrás una vida rutinaria y comencemos otra vida de colorido entusiasmo. La Virgen es quien nos murmura al oído al despertar y nos hace exclamar, sin ninguna razón concreta: "¡Hoy es el día"!

Pese a la claridad de la exhortación, el verdadero propósito o resultado muchas veces podría quedar oculto, como para poner a prueba nuestra fe. Por ejemplo, el hecho mismo de que esta servidora viva en los Estados Unidos es resultado de una pregunta inocente que alguien me hizo poco después del fallecimiento de mi madre. Me oí a mí misma decir con seguridad: "Voy a vivir en Estados Unidos". Como parecía tan convencida, nadie puso en duda mi decisión. Actuar sobre la base de una percepción intuitiva pudiera parecer extremadamente irresponsable para aquellos que nunca salen de casa si no tienen los recursos financieros necesarios y un plan de acción específico, pero es que esta mezcla de entusiasmo y miedo es precisamente lo que fortalece al puer hasta que se hace hombre.

Nuestra orientación interna sabe cuál es el tipo de carnada que se necesita para que emprendamos el camino, con la convicción de que, una vez que nuestra dedicación esté garantizada, es poco probable que algún cambio de plan nos desvíe de nuestro camino y que avanzaremos gustosamente. Podemos recordar ocasiones en las que un desconocido que se haya sentado junto a nosotros en un seminario haya terminado por tener más influencia en nosotros que el orador que pagamos por escuchar, o cuando seguimos al amor de nuestro corazón a otro estado o país, donde terminamos por desencantarnos de la persona y enamorarnos del lugar. En otras palabras, no siempre es importante que el puer sepa por qué viaja o adónde está viajando. Lo que es importante es que esté de acuerdo con la aventura.

Impulso planetario

Desde el punto de vista astrológico, hay momentos específicos en nuestras vidas en los que experimentamos una mayor inspiración a seguir nuestro destino. Esto se cumple particularmente con el planeta Saturno, cuya órbita lo lleva en un recorrido de aproximadamente 28 a 29 años hasta volver al mismo punto en el cielo donde se encontraba el mismo día del año. Por eso, cuando cumplimos veintiocho o veintinueve años, cincuenta y seis o cincuenta y siete años, y ochenta y cuatro u ochenta y cinco años siempre tendemos a plantearnos la pregunta: "¿Estoy viviendo según el deseo de mi alma? ¿Estoy siguiendo el plano esquemático de mi vida"?

Para algunos, veintiocho años es un período demasiado largo. Prefieren dividir la vida en períodos de siete años, lo que ha dado lugar al concepto del "tedio cada siete años". Otra edad notable es la de treinta y tres años, cuando el alma comienza a cumplir su promesa de servicio a la Gran Madre. Si tenemos esto presente, veremos que no es raro oír que muchos maestros ascendidos y profetas comenzaron su verdadera labor a esa edad. Algunos pueden decidir marcharse del planeta a los treinta y tres años, después de haber completado su labor interior.

Elecciones: ¿aceptación o negación?

Un punto común de debate es si nuestro destino está decidido o si nuestras vidas están sujetas al libre albedrío. Quizás se cumplen las dos condiciones. El destino es el que nos envía mensajes en determinados momentos de nuestras vidas y el libre albedrío es el que nos permite:

- no oír o simplemente olvidar el mensaje por conveniencia,
- sabotear cualquier esfuerzo por emprender nuestro propio camino singular,
- establecer condiciones poco razonables antes de dar el primer paso, detrás de lo cual se oculta un miedo inherente al cambio, y
- reconocer la oportunidad de crecimiento del alma y de servicio a la Gran Madre.

Desde una perspectiva intuitiva, nuestros guías en el mundo espiritual no pueden ir por encima de nuestro libre albedrío ni juzgar nuestras elecciones. Pero esto no les impide hacer todo lo que esté a su alcance por atraer nuestra atención y luego bombardearnos con palabras de aliento cuando respondemos al llamado a la aventura.

Por eso, si buscamos consumar el destino de nuestra alma, es importante que nos preguntemos:

- ¿Cuáles sueños de mi juventud no he realizado?
- ¿Qué me entusiasma y me llena de alegría el corazón?
- ¿Qué lamentaría no haber hecho o no haber conseguido?
- ¿Qué haría si mi vida no estuviera controlada por expresiones o conceptos como *debería, tengo que* o *necesito?*
- ¿Qué inspiración me ha llegado de la Virgen como a través de un filtro y todavía espera manifestarse?
- ¿Si me amara incondicionalmente, que haría?

Una señora se me acercó una vez en una charla y me preguntó: "Jesucristo vino a mí hace cinco años en una meditación, me dio un pincel y me dijo que pintara. ¿Qué debo hacer?" ¡Si un maestro se toma el tiempo de hacerle una visita, le ruego que no espere otros 26.000 años para hacer que su destino se manifieste!

SUMERGIRSE EN LAS PROFUNDIDADES DEL DESEO

Para poder hacer realidad sus ideas y sueños, el puer debe centrar su atención en la abundancia de la Gran Madre y atraer hacia sí todas las cosas que lo sustentarán en su viaje. Esta fase, bajo la observación y guía de la energía matriarcal de Tauro, el toro, nos revela una gran cantidad de habilidades, talentos y dones que en definitiva son la base de nuestro éxito como reyes.

♉ TAURO

Cualidad: fijo; riqueza interior que espera manifestarse, deseos

Alquimia: disolución; descubrimiento de los dones y talentos que se llevan por dentro

Polaridad: femenina; Madre, protección de las posesiones, habilidades y talentos

Fase de Luna Creciente (Luna Nueva Visible): avanzar y focalizar

Entre los problemas que surgen en esta fase del viaje figuran la imposibilidad de rodearnos de las habilidades y el sustento afectivo necesarios para complementar nuestros impulsos creativos. Esto se debe comúnmente a una individualidad poco definida, que siempre nos hace tener una sensación de pobreza y escasez en nuestras vidas. Otro problema es la terquedad; el deseo de poseer se vuelve más importante que el de crear, lo que nos hace acaparar o enterrar nuestros talentos.

Lo que es vital recordar es que las posesiones carecen de propósito si no sustentan nuestros sueños para acercarlos más a su realización. Una vez que hemos alcanzado esta realidad y nos hemos convertido en reyes, las posesiones se convierten en una carga excesiva de la que debemos deshacernos al bajar hacia el inframundo para poder abarcar una riqueza mucho más importante que nunca puede ser poseída.

Encuentro con nuestro mentor

Durante esta fase no es raro que encontremos a un personaje que nos ofrece sabiduría y orientación para el viaje que tenemos por delante. Parte Virgen y parte Arpía, esta figura arquetípica es percibida como mentor y, en los cuentos tradicionales, aparece vestida como un anciano o anciana, símbolo del arquetipo del sabio, el místico o el ermitaño. Estos arquetipos a menudo parecen estar "en el mundo, pero sin ser del mundo", por lo que pueden acompañar a un viajero durante un tiempo antes de desaparecer o morir. Ese es el caso de Merlín en las leyendas del Rey Arturo, Gandalf en *El señor de los anillos,* Obi-Wan Kenobi y el Maestro Yoda en *La guerra de las galaxias,* y el hada madrina en *el cuento de la Cenicienta.*

Los mentores mitológicos a menudo poseen una cualidad mágica y misteriosa, que prácticamente no nos deja duda de que sus cualidades sobrenaturales son resultado de sus propias batallas internas y del ulterior dominio de sus energías. Esta fuerza nos hace recordar que quienes se erijan en mentores tienen que ser personas abnegadas y dedicadas a su tarea, que no se aferren a ningún resultado específico ni busquen la gratificación propia.

He tenido el privilegio de conocer a varios mentores espirituales excelentes. Algunos compartieron conmigo apenas unos minutos y otros me acompañaron en mi viaje durante años. No con todos me sentía cómoda, pero no cabe duda de que todos me amaban y definitivamente, sin ellos, yo no estaría donde estoy ahora. Tres de mis mentores más importantes fueron hombres y cada uno de ellos murió de repente, con diecisiete años de separación entre uno y otro. El primero fue mi amoroso y aventurero padre, que protegió y apoyó mi naturaleza física y humana hasta que estuve lista y fui capaz de cuidarme por mí misma. Diecisiete años después, conocí a un gran amor que me abrió el corazón a mi yo emocional y transpersonal. Murió trágicamente poco después de habernos conocido. Vino a mi vida con un propósito y se fue cuando supo que su obra estaba terminada. Por último, tuve el privilegio de conocer a un maravilloso kahuna, un hombre sabio de Hawai, quien me apoyó jubilosamente en el plano espiritual durante tres años, hasta que murió en un accidente automovilístico. Su contribución a mi alma completó la orientación de mi cuerpo, corazón y espíritu. Tengo la bendición de haber sido reconocida, alentada y amada por estos tres hombres increíbles, que siguen cuidándome desde el otro lado del velo.

Las últimas herramientas que el puer extrae de la Gran Madre son las energías dobles de la fuerza espiritual y la fuerza física, que transforman al niño en un héroe cuando éste aprende a dominar esas fuerzas esenciales de la creación.

LA NATURALEZA DUAL DE LA CONCIENCIA

Es probable que uno de los mayores desafíos con que tropezamos durante nuestra evolución espiritual sea el dominio de nuestro propio poder. La primera vez que nos encontramos en esta situación es en el signo de Géminis, cuando el héroe asume la fuerza de los poderes gemelos. Estos poderes están representados por las facetas física-masculina y espiritual-femenina de la Divinidad, que tienen que ser reconocidas y dominadas por igual. Desde el punto de vista de la conciencia, se considera que lo masculino corresponde al intelecto mientras que lo femenino representa la intuición.

♊ GÉMINIS

Cualidad: mutable; la conciencia de la dualidad

Alquimia: separación; asumir el propio poder de tomar decisiones

Polaridad: masculina; héroe, fuerza e ingeniosidad

Fase de Cuarto Creciente: construir y decidir

Es fundamental que el héroe se dé cuenta de que la intensidad de cada poder depende de la relación que tenga con el otro; la tensión natural entre ellos da lugar a un crecimiento mutuamente gratificante. Ésta es la misma dinámica que existe entre los dos peces del signo astrológico de Piscis: su fricción natural contribuye al vínculo que los conecta y, a su vez, es producida por éste.

En otras palabras, mientras el héroe mantenga un sano respeto por sus naturalezas espiritual-intuitiva y físico-intelectual, conseguirá que ambas estén a su servicio y sustenten a su ser eterno. No obstante, si una de las dos tomara prioridad, o si el flujo entre ellas quedara bloqueado o interrumpido, el viaje de nuestro héroe se verá limitado tanto desde el punto de vista del éxito material como de la consumación espiritual. Dicho esto, vale la pena examinar un reflejo de estos acontecimientos tanto en la historia antigua como en la moderna.

Las columnas de Jachin y Boaz

Se cree que el símbolo del signo de Géminis representa comúnmente las columnas gemelas de Jachin y Boaz, elementos fundamentales de los principios de la francmasonería que simbolizan, respectivamente, el establecimiento y la fuerza.[2] La historia relacionada con estas estructuras se remonta al Egipto antiguo cuando, antes de que se construyeran las pirámides y zigurat, se consideraba que las columnas eran un potente medio de vincular los mundos de los hombres y los dioses.

Estas columnas u obeliscos simbolizaban a la serpiente completamente erecta, cuyas cualidades mágicas, al igual que la vara del mago, le hacen funcionar como una especie de pararrayos que trae el cielo a la tierra y la tierra al cielo. Como estamos comenzando a darnos cuenta, nuestro cuerpo también está diseñado como si fuera una vara mágica, con tres hebras de energía que corren por la columna vertebral y contribuyen a la postura erecta de la serpiente: son dos fuerzas de dualidad y la fuerza fluida de vida eterna que fluye entre ellas. Estas fuerzas reciben el nombre de *ida,* que fluye desde el chakra de base hasta el de la corona, *pingala,* que fluye desde el chakra de la corona hasta el de la base, y *sushumna,* que da vida a las energías externas y al mismo tiempo las absorbe, lo que representa el continuo o la nada de la Gran Madre.[3]

El símbolo más comúnmente utilizado para representar esta trinidad

Pararrayos

es el caduceo, en el que dos serpientes se enroscan en torno a una vara, con alas completamente desarrolladas y desplegadas cerca de la parte superior. Aunque a menudo se confunde con la serpiente solitaria de Asclepio, el dios de la curación, el caduceo es el cayado de Hermes, mensajero de los dioses y regente del signo de Géminis. Una vez que nos damos cuenta de que la figura griega de Hermes es sinónimo del dios egipcio Tot, autor de la Tabla de Esmeralda, resulta claro que este antiguo símbolo de la alquimia representa la activación de nuestros canales de energía hasta que tengamos las "alas" necesarias para volar más allá de este mundo tridimensional de la realidad. En capítulos posteriores analizaremos la posición de estas alas en el tercer ojo (*ajna*), situado entre las cejas en el centro de energía de dos lóbulos, y su relación con el cisne.

El caduceo

En la punta de la vara del caduceo se encuentra una pequeña esfera que representa la glándula pineal, conectada esotéricamente con el chakra de la corona. Los místicos siempre han entendido que esta pequeña glándula es la base del alma. No sólo produce hormonas como la melatonina y la DMT, que permiten que nuestra conciencia se conecte con otros reinos de percepción, sino que es capaz de producir luz cuando se estimula con las frecuencias adecuadas. Este conocimiento corrobora el hecho de que, cuando las tres corrientes de energía fluyen por la columna vertebral, se estimula la glándula pineal y produce la activación del Ka.

Con este entendimiento esotérico, el significado de estos obeliscos toma un nuevo sentido. Cuando los pueblos del Alto y el Bajo Egipto acordaron unificarse, cada uno aportó su propia columna sagrada o conexión divina a la unión y decidieron que estas columnas debían estar enlazadas por una viga central a fin de propiciar la estabilidad en todo el territorio. La columna de la derecha, Jachin, venía del Bajo Egipto y representaba la autoridad (o establecimiento) espiritual; entretanto, el Alto Egipto aportó la columna de la izquierda, Boaz, que simbolizaba la fuerza física y el intelecto. Juntas, formaban una puerta entre las dimensiones, de cara al este, frente al Sol naciente, tradición que aún hoy se mantiene en los templos masónicos.

La viga central representaba originalmente a Nut, dios del Sol, pero se dice que en épocas posteriores representaba a Ma'at, símbolo de probidad, equidad y justicia. Estas cualidades provenían de una actitud de compasión distanciada, pues se consideraba que Ma'at existía más allá de las pequeñas mentes de los hombres y, por lo tanto, era imparcial y no sentenciosa y estaba conectada con lo que beneficiara al mayor número posible de personas. Se entendía claramente que la estabilidad política y la prosperidad de un país dependía de esta trinidad formada por las dos columnas y la energía siempre en evolución de la viga central. Se consideraba que Ma'at era al mismo tiempo el producto y la fuente de la armonía dinámica que existía entre los poderes duales del espíritu y la materia.

Con el paso de los años, se percibió a Ma'at como diosa, con una pluma de avestruz en su tocado, que simboliza su dedicación a la tierra. Ma'at portaba el anj, que representa la llave a la vida eterna. Los egipcios veneraban a Ma'at porque sabían que, sin el orden y la verdad que ella expresaba, su mundo se hundiría en el caos primigenio o se solidificaría y moriría. Ma'at era considerada la contrapartida femenina de Tot, que traía la ciencia, la medicina, la escritura y la magia al pueblo.[4]

Con el paso del tiempo, se perdió la conexión femenina que unía a las columnas gemelas y la viga transversal llegó a representar a Yahvé, un dios de las tormentas identificado por el símbolo T o Tau,[5] que unió a los reinos de Judá e Israel bajo el mando del Rey David y luego del Rey Salomón. De hecho, el ingreso al famoso y prodigioso Templo de Salomón era a través de las mismas dos columnas, en las que se inspiraron

Ma'at

los dos pilares (conocidos incorrectamente como las columnas del aprendiz y el maestro) en la capilla de Roslin, que fue construida por los antecesores de los masones, los Caballeros Templarios.[6]

Con este cambio en la custodia de la viga transversal, se perdió la autoridad imparcial que representaba Ma'at y comenzó así la creación de reglas y amenazas para mantener el orden entre la gente. Al mismo tiempo, las columnas asumieron definiciones más prácticas. La fuerza (Boaz) era considerada una de las cualidades de un rey que cuidaba de sus defensas, leyes y gobierno, mientras que el establecimiento (Jachin) era la premisa del sacerdote que se ocupaba de la probidad religiosa. Juntos contribuían al *shalom,* o sea, a la "paz a través del equilibrio adecuado de gobierno entre la iglesia y el estado".

En la masonería actual el significado de la trinidad es muy similar; los ideales de la fuerza y el establecimiento son fundamentales para una sociedad próspera y estable, unificada a través de la palabra percibida de Dios. De hecho, la Constitución de los Estados Unidos fue creada en torno a estas premisas por nuestros padres de la patria, muchos de los cuales eran masones. Sin embargo, mientras no se reconozca y honre el principio de la viga central, el paso entre los mundos quedará obstruido e incluso cerrado, haciéndonos olvidar que somos, ante todo, seres eternos.

Es imperativo comprender que el arquetipo de Ma'at no exige una obediencia a leyes y reglas que generan miedo, sentido de culpabilidad y vergüenza, y que Ma'at nunca propugna la idea del favoritismo. En lugar de ello, acepta a todos los pueblos por igual en nombre de la justicia y la equidad. Al mismo tiempo, las dos columnas verticales tienen que ser tratadas con igual respeto, reconociendo que nuestras facultades espirituales y físicas son interdependientes. Una no puede sobrevivir sin la otra.

Según algunas autoridades, en las columnas egipcias originales había complejas tallas que representaban enseñanzas secretas acerca de la inmortalidad; según otras, las columnas eran metáforas que se referían al Árbol de la Vida cabalístico. Sean cuales sean sus secretos, no cabe duda de que los sucesos del 11 de septiembre de 2001, con la destrucción de las Torres Gemelas de Nueva York, estaban estrechamente vinculados con esas enseñanzas antiguas y nos reconectaron en sentido metafórico con el verdadero significado de la viga transversal y su enlace con la vida eterna.

Sujetar la cabeza de la serpiente

Hay una última cuestión que debe resolverse a este nivel. Para dominar estas energías, el héroe debe estar dispuesto metafóricamente a sujetar las cabezas de las dos serpientes para que no se sacudan de un lado a otro sin control; así el héroe podrá centrar el poder de estas serpientes y alinearlo con la intención de su alma. Desafortunadamente, muchas personas no entienden este principio espiritual y, aunque son capaces de disfrutar la libertad y fuerza relativas que obtenemos con el despertar de nuestra psiquis, no reconocen la necesidad de tener límites sanos y autocontrol.

Es así como surgen los juegos de poder y la manipulación, el movimiento y transferencia de energía, e incluso su "succión al estilo de los vampiros" sin que seamos conscientemente responsables de nuestras acciones. En última instancia, el héroe que no logra controlar su energía no llega a construir un sendero serpenteante lo suficientemente fuerte como para permitirle pasar al nivel siguiente. Esto lo obliga a ser siempre dependiente de la energía de otros para mantener su fuerza.

CONOZCAMOS A NUESTRAS CONTRAIMÁGENES

Inanna es una joven doncella sumeria (destinada a convertirse en reina) que vive a la orilla del Río Éufrates.[7] Un día ve flotando en el agua un árbol que ha sido arrancado de raíz por los tenaces vientos del sur. Inanna toma el árbol de huluppu del río y lo planta en su jardín sagrado, esperando el momento en que pueda usar su madera para hacerse un trono resplandeciente y una maravillosa cama para descansar en ella.

Pasan diez años y el árbol aún no está listo para ser usado. Un día, Inanna se horroriza al ver que su precioso árbol se ha convertido en el hogar de una serpiente indomable. La serpiente vive en las raíces, un anzu anida en las ramas y la doncella oscura Lilith vive en el tronco. ¡Inanna rompe en lágrimas!

A la postre, Inanna recurre a un valiente mortal, su hermano Gilgamesh, quien corta el árbol con su hacha de bronce y hace que la serpiente se marche escurriéndose, que el pájaro vuele hacia las montañas y que Lilith huya a lugares salvajes y deshabitados. Con el tronco del árbol y a solicitud de su hermana, Gilgamesh crea un trono y una cama para la Virgen, quien queda muy satisfecha.

Ahora con las fuerzas duales de la fuerza física y la probidad espiritual en sus manos, el héroe vuelve a sumergirse en la Gran Madre, con lo que atrae todo tipo de pruebas y tribulaciones, similares a las que enfrentó Odiseo en la *Ilíada* y, más recientemente, a las del valeroso y astuto Indiana Jones.

Si bien el héroe quisiera creer que su misión consiste en eliminar el mal del mundo, luchar por salvar vidas inocentes y ganarse la mano de una hermosa doncella, en realidad muchos de sus adversarios son contraimágenes de sus propias cualidades ocultas que son traídas a su percepción para que pueda fortalecer su núcleo interno. Así como las tenazas de Cáncer, el cangrejo, se encuentran en el medio de su cuerpo, el héroe también atrae a su vida polos de existencia opuestos para poder aprender a vivir cómodamente en cualquiera de ellos y mantener siempre su centro.

♋ CÁNCER

Cualidad: cardinal; el plan creativo en manifestación
Alquimia: conjunción; reconocer y aceptar los espejos de la existencia
Polaridad: femenina; la Arpía, el matrimonio sagrado de los opuestos
Fase de Luna Gibada: mejorar y perfeccionar

Inanna, la doncella, no tiene ninguna intención de permitir que nadie perturbe la paz y armonía relativas de su jardín, especialmente porque había plantado el árbol para traer una sensación de estabilidad a un mundo caótico (las aguas). Pero Inanna no puede ser inocente eternamente, sobre todo dentro de una existencia de dualidad en la que los polos opuestos de la realidad (representados por las criaturas que habitan el árbol) exigirán ser reconocidos e integrados.

Sin la compleja danza que tiene lugar entre los opuestos, como la oscuridad y la luz y el hombre y la mujer, el héroe no conseguirá adquirir la fuerza y la confianza necesarias para convertirse en rey y siempre temerá a su propia sombra.

De ahí que sea útil preguntar:

- Si me veo como una persona fuerte y capaz, ¿hasta qué punto estoy aceptando mi naturaleza más vulnerable y sensible?
- Si me considero generoso, ¿en qué aspectos soy avaro?
- Si asumo responsabilidades excesivas en relación con otros, ¿cuán fácil me resulta ser irresponsable o asumir la responsabilidad de cuidar mi propia persona?
- Si siempre soy bueno, ¿dónde guardo la vergüenza que me producen los aspectos de mi personalidad que me puedan parecer malos?
- Si siempre tengo el control, ¿qué temor tengo de perder el control?

Este matrimonio sagrado de opuestos fue promovido intensamente por el psicólogo y alquimista Carl Jung; en su práctica médica vio el daño potencial a la expresión del alma cuando sólo se dejaba exponer un solo polo. Jung hizo hincapié en la importancia de honrar la naturaleza dual de nuestra existencia, por muy incómoda que sea, pues sólo entonces somos capaces de alcanzar un nivel de confianza y valoración propias que no está en función de elogios ni de críticas.[8]

Individualmente, es fácil creer que hemos establecido este matrimonio sagrado mientras que en realidad sólo se está expresando una de las columnas de la puerta. De ahí que sea útil hacernos las siguientes preguntas que nos ayudarán a revelar cualquier desequilibrio:

- ¿Este trabajo/relación/estilo de vida me nutre el alma?
- ¿Esta situación me ayuda en mi crecimiento espiritual?
- ¿Esta experiencia me entusiasma y me da energía?
- ¿Me siento más conectado con mi alma gracias a este proceso?

Si la respuesta a cualquiera de estas preguntas es negativa, es hora de cambiar. Y recuerde: ¡El hecho de que usted sea bueno en lo que hace no significa que debe seguir haciéndolo!

Dominio de la pasión

Como sucedió a Inanna, la conciencia de nuestra naturaleza dual se potencia durante el primer rito de paso de la pubertad. En ese momento, no sólo descubrimos que existe un género opuesto al nuestro, sino que quedamos cara a cara con la parte descarnada y salvaje de nuestra naturaleza que se expresa físicamente cuando nuestro cuerpo alcanza la adultez. Esta expansión de la mente y el cuerpo está representada por tres criaturas indómitas que construyen sus casas en nuestro árbol de la conciencia:

- La serpiente, que representa nuestra sexualidad
- El pájaro con cara de león y alas de águila, que representan nuestro anhelo de poder y conocimiento
- Lilith, que representa al rebelde inconformista

Como ya sabemos, Lilith fue la primera esposa de Adán, que se negó a quedar por debajo de él y exigió ser tratada como su igual. Los textos hebreos nos dicen que, cuando se le niega su petición, Lilith se va al desierto y a partir de entonces viene en las noches para robar los bebés de otras personas, pues al parecer ella no puede tener descendientes propios. De hecho, hasta épocas muy recientes no era raro que los padres usaran talismanes para mantener a sus bebés a salvo de esta señora de la oscuridad.

Pero es que los relatos mitológicos de esta diosa se han ido distorsionando con el tiempo, pues ahora está claro que Lilith no es un demonio de sexualidad frustrada, sino una Arpía, que personifica los fuegos purificadores de la serpiente y la clara visión del águila. A Lilith la representan el lirio y el loto, símbolos vinculados con el elíxir de la vida, y su mensaje es claro: a través de la purificación que tiene lugar en nuestros fuegos sexuales y la sabiduría que surge de nuestros corazones, llegaremos a experimentar la inmortalidad.

No obstante, para poder llegar a ese estado, primero tenemos que conocer y dominar estas energías salvajes. En un inicio, puede parecer abrumador, como bien sabe cualquier adolescente. Incluso en la edad adulta, puede resultar difícil hacer frente a las salvajes y a menudo incontrolables energías vinculadas con el sexo, el poder y la rabia, especialmente si se nos ha enseñado incorrectamente que la espiritualidad se basa en la bondad, la paz y el amor.

En el mundo de Inanna, ésta no consigue controlar estos sentimientos erráticos y eróticos, por lo que pide a su hermano que destruya el árbol y con la madera construya un lecho y un trono, con lo que relegó las partes esenciales de su psiquis creativa a los rincones más profundos de la mente. Inanna permite que el hacha civilizadora de su hermano corte cualquier cosa que no se avenga a las normas de la sociedad y le pide que le construya una estructura en la que ella quepa.

Este mismo patrón lo vemos una y otra vez en nuestras propias vidas; optamos por ocultar las partes de nuestra personalidad que consideramos inaceptables y entonces proyectamos desaprobación y juicio sobre las personas que tienen esos mismos rasgos. Esto quizá se cumple particularmente en el caso de algunos participantes en el movimiento espiritual que propugnan amor y luz a través de un velo de energía desposeída. A menudo, estos "tiernos conejitos" son relativamente nuevos en el campo de la espiritualidad, aunque conozco a algunos que llegaron a ese lugar desde hace años y nunca lo han abandonado. Disfrutan así de las ventajas del despertar espiritual —la guía espiritual, los dones psíquicos y la sincronía— pero no están tan interesados en el verdadero desarrollo espiritual, pues saben que dicho desarrollo requiere un trabajo interior personal. Cuando se los pone cara a cara con sus contraimágenes, tienen la tendencia a valerse de la lástima, el perdón, la comprensión y el paternalismo para desviar la atención. Este tipo de personas quizás incluso busque a un grupo que posea colectivamente una sombra similar para poder convencerse unos a otros de que la negación es la mejor manera de lidiar con cualquier sentimiento incómodo. Todo intento de señalar una posible conexión entre su conducta y sus contraimágenes choca con actitudes defensivas, ira, arrogancia moral e indignación ante tanta negatividad y pesimismo. Entonces, como ya tienen conocimiento de que el mundo unificado está próximo, procuran evitar todo conflicto (fundamentalmente consigo mismos) e insisten en que todos somos una gran familia feliz y que quien diga lo contrario no es una persona suficientemente espiritual. Se trata en realidad de las acciones del cangrejo (Cáncer), que se mueve hacia los lados, se oculta en su carapacho, o desaparece debajo de una roca para evadir cualquier cosa que le rompa la ilusión de paz y armonía.

Sin embargo, del mismo modo que es esencial sujetar la cabeza de la serpiente —nuestro poder— también es importante que pongamos atención a nuestra sombra en lugar de proyectar sobre el mundo a nuestro yo desposeído con comentarios como: "Todas las personas que me rodean tienen el mismo problema. ¡Qué será lo que les pasa"!

Con todo, es importante señalar que si bien siempre habrá personas que traten de tomar esos atajos espirituales, la mayoría escucha la sabiduría de Atenea y enfrenta decididamente las sombras reflejadas en las personas y situaciones que le rodean. Nos basta con reconocer nuestra resonancia emocional con otra persona para darnos cuenta de que acabamos de encontrar en ese individuo una parte de nosotros. Por supuesto, estas emociones no tienen que ser negativas, pues también podemos estar en resonancia con personas que nos inspiren admiración, respeto y el deseo de emularlas.

Inevitablemente, las personas que de veras nos calan hondo suelen ser nuestros más grandes maestros. Lo más común es que hayamos elegido a miembros de nuestra familia inmediata para que cumplan esa función de espejo. Si aún sentimos la tentación de proyectar sobre el mundo nuestros aspectos desposeídos, ofrezco algunas pautas que me han ayudado a reconocer mis propias contraimágenes:

- Lo que juzgamos en otros es lo que tememos en nosotros mismos.
- Cuando nos encontramos defendiendo nuestras creencias, debemos preguntarnos: ¿qué es verdad y qué es ilusión?
- Cuando proyectamos sobre otros nuestra sombra, es inevitable que se nos devuelva multiplicada varias veces.
- Cuando nuestra reacción ante un suceso es excesiva, debemos preguntarnos por qué.
- ¡Lo que no reconocemos como nuestro a menudo permanece para siempre con nosotros!

Mientras el héroe se empeña en llegar a ser rey mediante el acercamiento de polos opuestos de la existencia dentro de un matrimonio sagrado, es importante que nos concentremos en la meta y objetivo, especialmente cuando también surgen sentimientos reactivos. Si podemos recordar que incluso en las situaciones más difíciles seguimos siendo creadores de nuestra percepción de la realidad, podemos constatar cómo esa energía se reduce una vez que comenzamos a reconocer nuestra sombra. En otras palabras, cuando optamos por no convertirnos en víctimas de nuestras elecciones, la vida se vuelve mucho más fácil.

Al mismo tiempo, al permitir que nuestra Lilith vuelva del desierto, se nos está dando la oportunidad de liberar el miedo y la vergüenza que muchos hemos llevado por dentro con respecto a nuestras pasiones más profundas. Esto hace que esos fuegos ardan con el brillo del esfuerzo creativo. Al ocurrir esto, expresamos una seguridad tan intensa que puede ser excesiva para un hombre o mujer que aún no haya conseguido dominar sus propias energías creativas; nos convertimos en alguien que sabe quién es, que está a gusto con la pasión de la sexualidad, y que posee ojos de águila para atravesar los velos del fingimiento o el engaño y revelar la naturaleza esencial del alma.

CORONACIÓN DEL REY-REINA: ÉXITO EN LA BÚSQUEDA

La coronación gloriosa del héroe tiene lugar cuando sus sueños se manifiestan en la realidad y, como ser humano autorrealizado, se convierte en soberano de su propia vida. En la mitología, el héroe-rey se apodera de la espada, se gana a la hermosa doncella, hace las paces con su padre y toma el trono. En nuestro mundo moderno, las recompensas son algo diferentes y consisten, por ejemplo, en:

- Graduarse de la universidad u obtener una maestría o doctorado
- Comprar su primera casa
- Casarse
- Tener el primer hijo y asumir la responsabilidad de la paternidad
- Obtener buenas ganancias en su propio negocio
- Publicar un libro por primera vez

Sea cual sea el éxito, los sentimientos son los mismos: euforia, celebración y orgullo. Sin embargo, para algunos, el momento de gloria se ve menoscabado por creencias autodenigrantes que le impiden a uno sentirse satisfecho de sus logros:

- Nadie soporta a los engreídos
- No pienses sólo en ti mismo, piensa en otros
- Está mal llenarse de orgullo
- Otra persona obtuvo mejores resultados

Estos sentimientos tienen un efecto nefasto en el ciclo creativo, el cual depende de que el ego del rey haya tenido un desarrollo adecuado y de que ni críticas ni elogios le hagan mella. En esencia, la fuerza del ego es la que proporciona la energía necesaria para las fases subsiguientes del viaje y, sin ella, el descenso no puede realizarse. El arquetipo perfecto de esta energía se ve en Leo, el león, rey de la selva. El león se gana el respeto de otros no sólo por su fuerza física y su imponente rugido, sino por la forma en que se pasea por la jungla con un aire de seguridad, a sabiendas de quién es y orgulloso de sus logros.

♌ LEO

Cualidad: fija; autoindividuación, autorrealización

Alquimia: conjunción; el rey es coronado

Polaridad: femenina; rey, éxito, orgullo y celebración

Fase de Luna Llena: integración consciente y éxito

En honor a la Gran Madre es que nos hacemos totalmente presentes en el pleno florecimiento de nuestros logros. En nuestra calidad de vasijas de la alquimia, hemos conseguido un milagro, por el que transformamos un sueño en realidad y damos vida al plano esquemático espiritual. Éste es un momento de celebrar, pues a menudo la simple gratitud no es suficiente; tal vez detrás de su máscara se oculte la creencia de que "no me merezco esto". En mi vida, expreso todos los éxitos con espíritu de celebración y, en esos momentos, oigo el regocijo del universo.

Como rey-reina, debemos entonces preguntarnos:

- ¿Qué he conseguido hacer realidad o producir su manifestación a partir de su semilla?
- ¿De qué cualidades personales me enorgullezco?
- ¿Qué es lo que mi alma celebra?

Es maravilloso que los miembros de la familia compartan sus celebraciones unos con otros, pues ése es uno de los mejores regalos que podemos darnos. Cuando nos mantenemos en un sano estado de seguridad en nosotros mismos, estimulamos a otros a que hagan lo mismo y legamos así este don a las generaciones posteriores. El relato siguiente nos recuerda lo fácil que es hacer que la narración de un mensaje ancestral lo distorsione hasta que casi se pierde su esencia.

Había una vez un hermoso priorato antiguo donde se conservaban antiguos escritos religiosos, que se actualizaban de vez en cuando para adaptarlos a la usanza idiomática del momento. El amanuense seleccionado como traductor sintió que se le había conferido un gran honor, pues había sido seleccionado entre un distinguido grupo de sacerdotes sabios y devotos.

Bajaba a la bóveda, donde pasaba todo el día trabajando, y sólo abandonaba la mohosa catacumba para subir a dormir. Un día, el amanuense no subió, lo que causó gran preocupación a su colegas. Mientras descendían por los fríos escalones de piedra, oyeron un llanto que provenía de lo profundo de la bóveda.

Bajaron las escaleras rápidamente y se encontraron al distinguido erudito con los ojos llenos de lágrimas, rodeado por muchos libros antiguos. "¿Qué ha pasado?", le preguntaron consternados. Entre sus lágrimas, el sacerdote respondió: "¡Lo que decía no era 'celibato', sino 'celebrar'"!

Ahora que hemos completado el primer tramo de la vara del mago, el ida, el héroe convertido en rey tiene todo el derecho a sentirse satisfecho consigo mismo y, como el poderoso león, puede compartir su celebración con orgullo. Ha conseguido el éxito, pero no la consumación, como se revelará en los capítulos siguientes.

7

Y UN BUEN DÍA . . .

Como reina de Sumeria, Inanna lo tiene todo: dos hijos, su esposo, súbditos y más riquezas de lo que jamás hubiera soñado, pero un día oye el llamamiento desde las grandes profundidades, el inframundo, y sabe que ha llegado la hora.[1] Abandona sus templos y sus responsabilidades y se prepara para su descenso, no sin antes reunir para llevarse con ella siete de sus ornamentos más preciosos que indicaban su posición social. Indica además a su fiel sirvienta Ninshubur que, si su señora no regresara, debía pedir ayuda primero al gran dios Enlil, luego a su padre, Nanna, y por último al dios sabio Enki. Inanna comienza entonces su periplo de descenso a la oscuridad, el hogar de su hermana, Ereshkigal.

Cuando llega a la entrada, viene a su encuentro Neti, la guardiana, quien le pregunta por qué ha emprendido un camino del que ningún viajero regresa. Inanna responde que ha oído decir que ha muerto el esposo de Ereshkigal, Gugalanna, el Toro del Cielo, y que desea presenciar el funeral. Al oír esto, Ereshkigal, la hermana oscura, le permite entrar pero le ordena a Neti que tome una pieza de las vestimentas reales de Inanna en cada una de las siete puertas o portales por los que Inanna ha de pasar durante el descenso. "Hagamos que la santa sacerdotisa del cielo baje la cabeza", le exige Ereshkigal.

Comienza así el descenso de Inanna al inframundo.

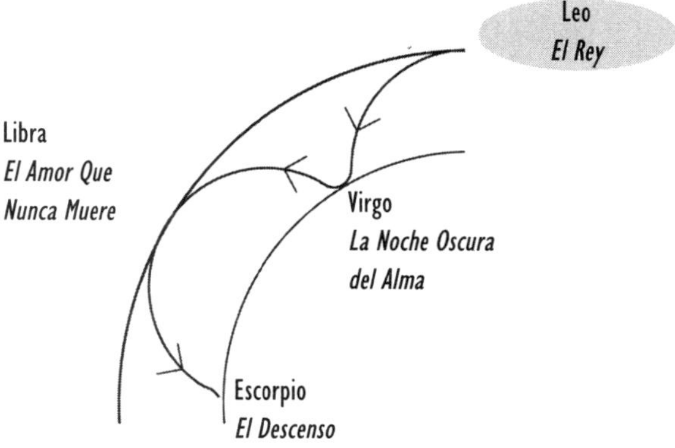

Los tres niveles del descenso

Entonces, ¿qué es lo que impulsa a Inanna a abandonar su cómoda vida y comenzar su travesía hacia el inframundo? Su intuición, que le recuerda que el camino a la consumación espiritual no puede medirse meramente por el éxito terrenal. Esto pone de relieve el simbolismo del signo de Virgo, en el que la Virgen y la Arpía mantienen abierto el portal al inframundo, con lo que se resalta la importancia de aceptar en nuestros corazones todas las partes del yo.

♍ VIRGO

Cualidad: mutable; fusión de vida y forma, introspección y contemplación

Alquimia: putrefacción y fermentación

Polaridad: femenina; aspecto virginal de la Diosa Triple, la vesica piscis

Fase de Luna Gibada Menguante: distribuir y transmitir

Éste es un buen momento para recordar que el propósito de nuestra existencia no es simplemente volver a la Gran Madre, sino traer también con nosotros el resultado de la manifestación de nuestros sueños, que llevamos como perlas de sabiduría dentro de nuestros relatos o narrativas. De este modo, las próximas tres fases del viaje representan el movimiento de energía desde el chakra de la corona hasta el de la base a medida que ingerimos y absorbemos la carne de nuestras experiencias, con lo que creamos el segundo tramo de nuestra vara mágica, el *pingala*. En oposición al poder creativo que llevó al niño a convertirse en rey, esta fuerza destructiva genera la tensión necesaria para el sustento de la tercera energía, el sushumna, y por último la extracción del elíxir de la vida.

Cuando añadimos los cinco aspectos del viaje de Aries a Leo y a los tres aspectos que culminan en la creación del pingala, creamos la vibración del ocho, el número correspondiente a una nueva octava, y reconocemos que todo se encuentra en perfecta transformación.

Cada uno de nosotros hará cuando menos un viaje al inframundo durante esta vida y, de hecho, actualmente la humanidad en general está fuertemente atenazada por la Diosa Oscura, quien exige transformación. Al igual que en el caso de Inanna, el llamamiento a descender viene desde lo profundo de nuestra alma y nos exhorta a mirar más allá del glamor y el éxito del rey-reina y entrar en el dominio de la Diosa Triple para hacer realidad nuestro verdadero destino espiritual. Sin embargo, como aprendimos con Samudra Manthan, la concentración focalizada y la fuerza de voluntad no son suficientes para sostener nuestra búsqueda; debemos equiparnos con la energía de la tortuga, volviendo nuestros sentidos hacia dentro mediante la práctica de la contemplación y la introspección.

Estas cualidades de la tortuga parten del hecho de que en muchas culturas la tortuga es vista como un ser que vive entre dos mundos. Por eso se la conoce como la portera: nada grácilmente por aguas poco profundas y va a tierra para dormir y poner sus huevos, valiéndose de sus sentidos intuitivos altamente desarrollados para moverse entre ambos mundos. En muchas culturas la tortuga se vincula con la longevidad, la

La tortuga, madre primigenia

madre primigenia, los ciclos lunares y la energía femenina y, por lo tanto, como veremos más adelante, tiene fuertes vínculos con la geometría sagrada de la vesica piscis, el umbral que la Diosa Triple nos proporciona para que entremos en nuevos reinos de existencia.

Cuando nos llega el llamamiento, puede parecernos desde afuera que hay poco motivo para estar descontentos, aunque por dentro a menudo nos sintamos muertos, vacíos o tristes. A veces este vacío aparece cuando nuestros hijos se van de casa o cuando alcanzamos nuestra meta de lograr el éxito, pero no tenemos la sensación de estar realizados. En otras ocasiones, lo que nos empuja al descenso es una crisis, como la pérdida del trabajo, el fallecimiento de un ser querido, una enfermedad o el divorcio. No obstante, a menudo esta noche oscura del alma surge de la nada y parece a un observador externo como un rayo que cayera con cielo despejado, pero de todos modos no cabe duda de que rechazaremos su invitación.

Si no escuchamos, tenemos cerca de nuestro yo superior a la Virgen, quien nos recuerda que es hora de cumplir nuestra promesa a la Gran Madre. Para reforzar la exhortación al cambio, nuestro cuerpo y nuestra mente expresan la desarmonía, lo que nos hace sentir:

- Abrumados, recargados y agotados
- Perdidos, confundidos y desorientados
- Desconectados de lo que importa en nuestras vidas
- Frustrados, irritados, iracundos y resentidos
- Inadvertidos por otros
- Tristes, deprimidos y abatidos
- Distanciados y solitarios

Físicamente, no es raro sentirnos como un resorte comprimido que ya no soporta más. Esto puede expresarse como dolor en los músculos y articulaciones, dolores de cabeza, indigestión, desequilibrios de temperatura, palpitaciones, ataques de pánico y fuertes oscilaciones de estado de ánimo. Muchas enfermedades modernas, como la depresión, fibromialgia, síndrome de fatiga crónica, desequilibrios endocrinos y otras dolencias basadas en el sistema inmunológico reflejan la separación del camino del alma y la tendencia a aferrarnos a las cosas y a no confiar en la sabiduría interna de la Virgen.

Por supuesto, cualquiera de estas señales, incluida la enfermedad, puede interpretarse como un irritante inconveniente y no como cabos de salvamento de la intuición. Como el libre albedrío es siempre una opción, podemos optar por reducir su interferencia por medio de estupefacientes, alcohol o afirmaciones positivas, o dejándonos perder más aún en el ajetreo del mundo exterior.

Sin embargo, Palas Atenea no tiene prisa, pues vive en la intemporalidad y le divierte nuestra empecinada creencia de que mantenemos el control de nuestras vidas. Un buen día abrimos los ojos ante el hecho de que estamos perdidos a pesar de todos los trucos de que disponemos y le gritamos: "Estoy listo. Ayúdame a cerrar todas las puertas que no estén en armonía con mi alma y a abrir o mantener abiertas las que sí lo estén".

Al final, nuestra capacidad de entregarnos al radiante abrazo de la Virgen, la expresión del signo de Virgo, es lo que nos libera del miedo, pues sabemos que a cierto nivel ya hemos terminado nuestro viaje.

LA NOCHE OSCURA DEL ALMA

Una vez que estamos dispuestos a aceptar nuestro destino, como Inanna, podemos prepararnos para la travesía, para lo cual debemos apartarnos de situaciones y personas que nos absorben demasiada energía e incluso pedir un descanso sabático en el trabajo. Al reunir para el viaje nuestras pocas preciadas pertenencias, celebramos nuestros logros a sabiendas de que la fuerza necesaria para realizar el descenso se basa en la intensidad de la autoestima del rey o la reina. Es posible que también encontremos que sólo compartimos nuestra decisión con aquellos que son capaces de entender y, en particular, con los que en algún momento de sus vidas han pasado ellos mismos al otro lado tras una noche oscura del alma.

No siempre serán nuestros amigos y familiares quienes nos apoyen durante el descenso, pues éstos se encuentran intrínsecamente vinculados con el *statu quo* actual y suelen preferir que no sacudamos la barca. Por eso es común que quienes nos ofrecen un enfoque distanciado pero compasivo con respecto a nuestra decisión sean personas no allegadas, como psicoterapeutas, ministros religiosos y otros profesionales de la salud. Quienquiera que acceda a convertirse en la vasija sagrada de la transformación de otra persona mediante la alquimia debe respetar el carácter de esta vocación pues, mientras el corazón y no la cabeza sea quien tiene el control, los medios tradicionales de preparación, rescate, sanación y análisis pueden resultar inadecuados. De hecho, estos medios son a veces más útiles para el practicante que para el cliente, especialmente cuando este último aún tiene preocupaciones sobre el reino de la Diosa Oscura y el caos y la destrucción que ella genera.

Personalmente, me gusta honrar a aquellos que mediante su sabiduría y amor me han creado un espacio sagrado durante mis numerosos viajes al dominio de Ereshkigal. He encontrado incluso que los animales domésticos tienen una manera sorprendente de percibir el momento en que decidimos volvernos hacia dentro, y entonces nos ofrecen un amor incondicional que nunca mengua. Por supuesto, hay un aspecto de nuestra naturaleza que tampoco nunca nos abandona: nuestro yo intuitivo, representado por la Ninshubar de Inanna, quien conoce la importancia del viaje y nos promete llevar la luz en nuestro descenso.

EL MOTIVO DEL DESCENSO

Cuando Inanna llega a la puerta de entrada, se vale de la excusa de que ha venido a presenciar los ritos de enterramiento de su cuñado, el Toro del Cielo.

Como muchos de nosotros, Inanna preferiría ser testigo de la muerte metafórica de otra persona en lugar de la propia. Podemos leer sobre el suceso, representarlo en rituales chamánicos e incluso estar presentes en la noche oscura del alma de otra persona, pero la prosperidad espiritual sólo nos llega cuando estamos dispuestos a experimentar el descenso por nosotros mismos.

Desde el punto de vista psicológico, la muerte del toro simboliza la muerte de nuestros deseos personales y el hecho de darnos cuenta de que la verdadera riqueza o la luz dorada de la conciencia pura es mucho más preciosa que cualquier objeto que hayamos adquirido durante la fase taureana de la travesía. Aunque hayamos ascendido paulatinamente desde el chakra de base hasta el de la corona, aún falta algo y nuestro rey-reina está decidido a regresar a la oscuridad de lo desconocido para volver a conectarnos con las gemas de nuestra existencia.

Ereshkigal, la Arpía, no está segura de las intenciones de su hermana celestial al visitarla, pero le permite a Inanna la entrada con la condición de que "baje la cabeza". Esto es un recordatorio de que la humildad y la entrega son esenciales en esta fase de la travesía, pues nos hacen dejar atrás la necesidad de:

- Mantener el control
- Entender lo que está sucediendo
- Nunca sentir dolor
- Recibir advertencias previas de sucesos desagradables
- Determinar el ritmo y el resultado de la experiencia

Éste es el reino del inconsciente profundo y únicamente a través del pulso intuitivo de nuestro corazón podemos tener la garantía de que nos encontramos exactamente donde debemos estar.

LA ÚNICA: EL YONI (VULVA) MÍSTICO

Cuando, al igual que Inanna, llegamos a los portales por los que debemos pasar para poder llegar al dominio de Ereshkigal, encontramos que todos tienen forma de óvalo, lo que constituye un recordatorio de que nos encontramos en presencia de la Diosa Triple, también conocida como la Única, expresión que se deriva de la palabra *yoni* o *vulva*. Para los pueblos antiguos, la vulva era sagrada y, cuando salíamos de ella como bebé recién nacido o entrábamos en ella durante el acto sexual, se la reconocía como una apertura o portal hacia otra dimensión. En términos mitológicos, nuestro aspecto masculino sale de la vulva de la Diosa en calidad de puer y vuelve a ella en calidad de amante, que personifica todos sus logros.

Desde la perspectiva mística, se creía que la vida nunca sería igual una vez que atravesáramos este umbral mágico pero, a medida que se dejó de honrar lo femenino, también fue disminuyendo nuestra comprensión del papel de la Diosa Triple en el acto sagrado del coito. Se nos olvidó que es precisamente la Virgen quien hace posible nuestra excitación sensual, que el fuego ascendente de la Arpía es el que hace desaparecer toda limitación y que es en las olas creadas por la Madre donde jugamos plenos de dicha en la cumbre de nuestro éxtasis. Tanto hombres como mujeres pueden actuar como vasija femenina para sí mismos y para su compañero o compañera sexual, independientemente de si la liberación orgásmica proviene del acto sexual o es una expresión natural de la reconexión espiritual.

Durante el milenio pasado, las cualidades místicas del yoni, o vulva, se corrompieron y casi se perdieron, con lo que se oscureció el acceso a nuestro patrimonio espiritual. Pero la Diosa Triple oyó nuestra queja y ha regresado para recuperar a sus hijos con un nuevo interés en todo lo que tenga que ver con lo femenino, de lo que sirve como ejemplo el inmenso éxito de la obra teatral de Eve Ensler *The Vagina Monologues [Los monólogos de la vagina]*.[2]

La vesica piscis

La representación más común del yoni es la vesica piscis (o "vejiga de pez"), que se forma cuando la circunferencia de un círculo pasa por el centro de otro, creando entre ellos un óvalo de dos puntas que se conoce como el portal a un nuevo estado de existencia. (Véase la ilustración de la página 35.) Se considera que los propios círculos representan polos opuestos de existencia que se unen al mismo tiempo que mantienen su propia identidad singular: es la unidad por medio de la diversidad. La disposición de los círculos a unirse en una forma tan íntima simboliza el amor y el respeto que debemos tener por nosotros mismos y por nuestro plano esquemático espiritual antes de poder intentar el descenso. Sin este sano sentido del yo o de la autoestima, nos aferraremos inevitablemente a cualquier fuente externa de identidad, con lo que nos produciremos un gran dolor y angustia cuando la Diosa Oscura trate de revelar nuestro núcleo interior.

Al unirse los círculos y crear la tercera forma interior, vemos reflejados los tres aspectos de la Diosa Triple: Creadora, Protectora y Destructora. Conjuntamente, dan sentido a la frase: "Porque donde dos o tres se reúnen en mi nombre, allí estoy yo en medio de ellos" (Mateo 18:20).

Este simple mensaje alude a algo mucho mayor que la presencia física de una sola persona. Revela que si deseamos conocer la unicidad de la vida eterna, la conciencia del Cristo, debemos entonces plasmar las tres facetas de la Diosa Triple, entre las que se incluye la aceptación de los ciclos de la muerte y el renacimiento. Al mismo tiempo, la naturaleza compleja de las fuerzas involucradas en este patrón geométrico sagrado nos hace recordar que el acceso a nuestra existencia multidimensional está a nuestra disposición únicamente a través de la interrelación armónica de la oposición y la atracción, la luz y la oscuridad.

Al apartarnos de la fuente externa del éxito y adentrarnos en la quietud de la introspección y la contemplación, nos creamos nuestra propia vesica piscis, pasando por su centro hasta convertirnos en el amante cuya fuerza y compasión nos hacen avanzar hacia nuestro destino espiritual.

LA DIOSA EN LA ARQUITECTURA SAGRADA

Al continuar nuestra exploración de la Diosa Triple, resulta fascinante observar que alrededor del mundo hay muchas representaciones arquitectónicas del yoni, aunque a menudo se han desatendido su identidad y su importancia como acceso o entrada a la conciencia del Cristo.

Desde el siglo XII hasta el XV, la devoción a la diosa se mantuvo viva en los diseños de muchas de las grandes catedrales góticas de

Entrada de una catedral gótica

Europa, construidas con magníficos umbrales con arcos ovalados, símbolos de la vesica piscis, que conducen hacia la nave, o vientre, de la iglesia. Si vamos más atrás, algunos templos rectangulares griegos fueron construidos en torno a la geometría de la vesica piscis: las dimensiones de las paredes laterales de los templos se basaban en la proporción de 1 a la raíz cuadrada de 3, para dar realce a las expresiones de devoción que tienen lugar dentro de ella.

Quizás los arquitectos de estas edificaciones querían que las generaciones futuras supieran que:

- A través del aspecto femenino dentro de cada uno de nosotros es que podemos alcanzar el campo unificado del reino de los cielos.
- Se obtiene acceso a la unidad simbolizada por la conciencia del Cristo a través del poder del amor; esa unidad promueve una inmensa sensación de alegría.
- De la geometría sagrada de estos edificios emana una frecuencia

que nos permite encontrarnos frente a frente con nuestro Dios-Creador, sin necesidad de un intermediario.

- Todos —sin importar su credo, cultura o género— son bienvenidos en este lugar siempre que vengan con el corazón abierto y con regocijo.

Es evidente que las prácticas actuales de algunas religiones se han alejado mucho de las condiciones establecidas por los diseñadores de esos templos. Al mismo tiempo, muchos de los arquitectos de hoy aún no entienden cómo las cualidades vibracionales de los símbolos sagrados influyen en la función general de una edificación. Incluso cuando existe el reconocimiento del poder de las formas para potenciar nuestra experiencia dentro de una estructura, muchos edificios modernos carecen de curvas. En lugar de ello, utilizan líneas rectas que se elevan hacia el cielo, como para no dejar dudas de quién manda.

Las Sheela-na-gig

En Irlanda, entre los siglos XII y XVII, los arquitectos fueron incluso más allá en su propósito de hacer que las congregaciones comprendieran que llegarían a conocer a su Dios a través de la Gran Madre: crearon unas tallas denominadas Sheela-na-gig. Estas estatuas, que a menudo se encontraban sobre el umbral de las iglesias, representaban a mujeres desnudas con el vientre crecido, en posiciones que mostraban sus genitales de forma destacada. Muchas de estas figuras mostraban a una mujer con las rodillas separadas, que mantiene abierto con una o las dos manos el agujero de la vulva en forma de vesica piscis.

Hay distintas interpretaciones del significado simbólico de estas imágenes, incluida una que resulta particularmente patriarcal, en el sentido de que las imágenes fueron creadas para proteger a los hombres de la condenación eterna al advertirles sobre la naturaleza lujuriosa de la mujer. Pero lo más probable es que representaran algo mucho más importante que un subproducto de los dogmas cristianos. La traducción más acertada del término *sheela-na-gig* es "mujer-vulva".

Sheela-na-gig

Estas figuras son muy similares a las estatuas yónicas de Kali, que se colocan en los umbrales de muchos templos hindúes para dar buena suerte a todos sus visitantes. El tórax protuberante que se nota en algunas de las tallas irlandesas también se destaca en las estatuas de Kalika, la diosa de la muerte de los hindúes. Kalika está simbolizada en la tradición irlandesa por Caillech, o la Arpía o Bruja, quien es al mismo tiempo creadora y destructora. De este modo, puede considerarse que las Sheela-na-gig representan los tres aspectos de la Diosa: Virgen (yoni), Madre (vientre) y Arpía (costillas).

No cabe duda de que la iglesia cristiana celta del primer milenio era mucho más liberal y más consciente de la importancia que tenía lo femenino en su sociedad que la iglesia romana. Por ejemplo, la iglesia cristiana celta admitía el divorcio hasta muy avanzado el siglo XII. A la postre, la contribución de los celtas antiguos quedó suprimida y la influencia católica romana hizo que estas efigies se consideraran imágenes burdas y exhibicionistas. Con todo, podríamos vaticinar que las Sheela-na-gig pronto serán devueltas al lugar que les corresponde en las entradas de la Iglesia Madre, a medida que los humanos busquemos su vientre para establecer una unión directa con la fuente divina.

El triángulo

Otro símbolo comúnmente usado para representar el yoni de la Diosa Triple es el triángulo, que se encuentra en los puntos de entrada de muchos sitios sagrados y está estrechamente relacionado con la diosa oriental Cunti, de cuyo nombre se derivan palabras como *county* (condado), *country* (país), *ken* (saber), *cunning* (astucia) y *cunt* (vagina). A diferencia de su uso moderno, esta última palabra no era un término despectivo, sino respetuoso, que reconocía la expresión de la Diosa dentro de la mujer.

Del mismo término se deriva la palabra *kin,* vocablo inglés que se refiere a la familia, del que proviene a su vez la palabra *kingdom* (reino), que denota el dominio de un rey o reina. En los tiempos de antaño, el reino era una tierra legada a los descendientes en forma matrilínea, lo que pone de relieve la importancia del linaje de la madre. En otras palabras se entendía que la continuación de la familia y de su fecundidad a todos los niveles dependía de lo femenino y de su vínculo con la energía de la Diosa.

El trébol

En el mundo celta hay otro símbolo que representa a la Diosa Triple: una minúscula planta de tres pétalos que se conoce como trébol. Aunque este símbolo nacional de Irlanda suele vincularse con San Patricio y su interpretación de la Trinidad como Padre, Hijo y Espíritu Santo, su importancia se remonta a una época muy anterior a la propicia llegada de San Patricio a la Isla Esmeralda. En los últimos tiempos se ha determinado con mayor claridad que la "autobiografía" del santo patrón de Irlanda fue escrita entre los siglos IX y X, es decir, cuatrocientos años después de su supuesto ministerio religioso. Antes del siglo IX, las creencias y prácticas sagradas "paganas" eran aceptadas abiertamente como parte de una disciplina religiosa altamente integrada.

Como suele suceder cuando se intenta imponer un nuevo paradigma sobre otro mucho más antiguo, los detalles personales de las figuras históricas reales son copiados y bastardeados hasta crear un personaje completamente nuevo que se avenga con los dogmas inculcados en ese momento. El personaje original se le vende a la gente como farsante o como pagano y, en fin de cuentas, ha pasado a la historia como poco más que una figura mítica. De ahí que el representante pagano de Patricio haya sido probablemente el dios irlandés del trébol, Trefuilngid Treeochair, hijo y consorte de la Diosa Triple de esas tierras, cuya planta sagrada producía frutos comestibles, entre ellos las manzanas de la inmortalidad. Ahora resulta obvio que el trébol refleja el yoni triple de la Gran Diosa, un símbolo que se remonta a alrededor de 2500 a.C. Si partimos de esta idea, el hecho de llevar un trébol el día de San Patricio adquiere un significado totalmente nuevo.

La cruz celta

El trébol fue probablemente el modelo de otro importante símbolo celta que refleja la rueda del Sol, la que fue modificada posteriormente hasta convertirla en la cruz celta moderna. Con sus tres brazos cortos y su largo brazo vertical, la cruz celta representa la imagen del falo contenido dentro del yoni de tres facetas —el matrimonio entre lo masculino y lo femenino, el símbolo de la fertilidad y la continuación de la vida.

De hecho, el diseño de Newgrange, el monumento más sagrado en Irlanda, se basa en el principio de la cruz celta. Tras recorrer un largo pasaje (el falo), los visitantes entran en una caverna alta y redonda de la que asoman tres aperturas más pequeñas (la Diosa Triple). Durante cinco días alrededor del solsticio de invierno, si las condiciones climáticas lo permiten, los rayos del Sol entran por un pequeño agujero encima de la entrada y se abren paso por el corredor hasta que penetran en la caverna, llenándola de luz.

Para el místico, este acto simboliza la unión entre el rey moribundo y la Gran Diosa, quien trae al mundo una frecuencia de conciencia completamente nueva cuando el Sol regresa al hemisferio norte. Desde las

La cruz celta

profundidades de Newgrange, la Madre proporciona sustento al nuevo bebé hasta que lo considera listo para abandonar los confines de su casa de piedra. Desde allí, su mensaje singular se diseminará por el mundo a través de la compleja red que existe dentro de la Tierra, hasta que todos los seres vivientes sean tocados por su energía.

Alrededor del mundo hay muchos sitios sagrados alineados con los solsticios. Estos sitios vinculados con el solsticio de invierno, como Newgrange, ponen de relieve el amor de la Virgen al traer al mundo al puer y proporcionarle sustento hasta que abandona el hogar como héroe. Por otra parte, los sitios vinculados con el solsticio de verano, como Stonehenge, están conectados con el Sol poniente y representan el comienzo del descenso del rey al inframundo, donde, seis meses después, llegará a ofrecer su vida por el bien de su hijo y heredero.

La espiral

Frente a la entrada a Newgrange se encuentra una gran piedra oblonga con complejas tallas que muestran la cabeza de tres espirales de la cruz

Newgrange, Irlanda

celta, lo que recuerda al visitante que éste es el dominio sagrado de la Diosa Triple. El símbolo de la espiral se encuentra por todo el mundo, tallado en la piedra de muchos sitios sagrados. En la mayoría de las culturas, el glifo representa a la gran madre serpiente, que supuestamente creó el mundo entero a partir del lugar carente de forma. Para los seguidores de Kali, la madre serpiente es el kundalini, cuyo yo recogido y sin manifestar se representa como un punto. El desenvolvimiento de esta energía creativa serpentina hasta convertirse en forma y su vuelta a la carencia de forma lo simboliza la espiral, que recuerda al observador que el movimiento entre la forma y la ausencia de forma es bidireccional y continuo y constituye el principio en que se basa la inmortalidad.

Se considera que la espiral es la forma más eficaz de potenciar la energía creativa. El hecho de que las espirales que se encuentran en las paredes de las cavernas interiores de Newgrange estén alineadas con las inmovilizaciones lunares nos hace recordar la importante influencia de la Luna en nuestro propio ciclo creativo: estos sucesos astronómicos se vinculan con la potenciación de la fertilidad de la mente, el cuerpo y el espíritu.

El laberinto

Antes de embarcarnos de lleno con Inanna en nuestro descenso al inframundo, necesitamos un elemento más. Se trata de un mapa interactivo que ha sido utilizado por la mayoría de los pueblos indígenas del mundo y hoy recibe el nombre de laberinto. Cuando se trata de un laberinto de un solo sendero, su nombre se deriva de la raíz griega *labrys,* que significa “hacha doble”. Pero en la mayoría de las tradiciones el laberinto es un símbolo mucho más antiguo, que representa el vientre sagrado de la Madre Tierra, la diosa que espera pacientemente en su centro. Tradicionalmente, los laberintos eran guardados por mujeres, pues se reconocía que eran las únicas que podían comprender los principios en que se basan los ciclos de la muerte y el renacimiento.

Algunos de los ejemplos más antiguos de laberintos datan de 5000 a.C. y fueron construidos en Mesopotamia en honor a Inanna. Los indios

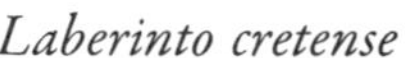

Laberinto cretense

hopi también ven el laberinto como punto de entrada al inframundo y fuente del renacimiento. Lo comparan con sus *kivas,* o santuarios excavados en la tierra, por donde se supone que salieron los antepasados de todos los hopi. En la región meridional de la India, las mujeres hindúes aún marcan sus hogares con el signo del laberinto cuando comienza el descenso del Sol con el solsticio de verano.

Los laberintos clásicos se diseñan con siete circuitos o senderos que conducen hacia el centro. Este modelo suele recibir el nombre de laberinto cretense, aunque proviene de una civilización muy anterior. Como pronto descubre el buscador, estos circuitos no están ordenados en secuencia, lo que incentiva al viajero a renunciar al deseo de controlar el resultado. Al mismo tiempo, esta forma simbólica hace que afloren a la superficie emociones y creencias, que deben resolverse antes de que podamos comparecer "desnudos" ante la Gran Diosa. Los siete senderos del laberinto representan los siete chakras o portales de conciencia a través de los cuales debemos pasar, aunque, a diferencia de los protocolos comunes, nuestro procedimiento consiste en descender desde el chakra de la corona hasta el de la base cuando entramos en el laberinto, para luego volver a ascender hasta el de la corona a nuestro regreso al exterior.

Aunque muchos laberintos actuales se han construido en terrenos llanos, algunos han sido erigidos en la cima de una colina o hacia dentro de ésta. El más famoso de estos últimos es el laberinto tridimensional que contornea el Tor de Glastonbury. Cuando el peregrino avanza por este laberinto de siete senderos, se le presenta una vez más la oportunidad de ofrendar a las grandes diosas todo lo que se ha convertido en un

Laberinto de Chartres

lastre innecesario y que, como tal, representa un obstáculo en la profundización del viaje hacia el yo.

Desde la perspectiva mitológica, el relato más conocido acerca del laberinto es el del héroe Teseo de Minos, quien entra en el laberinto con la ayuda del hilo de Ariadna para buscar y matar al Minotauro, mitad hombre y mitad toro. No obstante, a menudo se obvia incluir en el relato el hecho de que Ariadna era una poderosa diosa de la Luna y que el Minotauro era el propio demonio interno de Teseo. El relato termina cuando Teseo abandona a Ariadna después de alcanzar su meta, ¡aunque podemos imaginarnos que esa decisión no fue muy sabia!

Muchos siglos después, se diseñó un laberinto de once galerías, que apareció por primera vez en la catedral de Chartres, en Francia. Se pensaba que el laberinto estaba dedicado a la Virgen María. Recibía el nombre de 'Camino a Jerusalén'. Muchos consideraban que el peregrino, al recorrer este camino, sobre todo si lo hacía de rodillas, podía mostrar arrepentimiento por sus pecados y así acercarse más a Dios. Nunca sabremos si en aquel entonces se reconocía el hecho de que este proceso suponía entrar en el vientre de la Diosa Oscura, pero la catedral fue construida en la cima de una colina donde se encuentran varias líneas telúricas o de energía terrestre, lo que quizás sea un indicio de que sus arquitectos, los Caballeros Templarios, sabían que éste era un portal perfecto de entrada al inframundo. Aquí, el peregrino no sólo encontraría a la Virgen, sino a la Arpía, personificada por la Madona Negra (que, según algunos, era María Magdalena), llegaría a experimentar el verdadero significado de la muerte y el renacimiento.

Esta teoría queda reforzada por el diseño intrincado de este hermoso laberinto, que está formado por cuatro cuadrantes y, en su centro, una rosa de seis pétalos. Los cuadrantes representan los cuatro aspectos de la forma o la estructura que reflejan el desarrollo del ego hasta el momento en que el rey establece su reinado supremo. Entre éstos figuran los cuatro puntos cardinales, los cuatro elementos y las cuatro funciones de la mente. Los seis pétalos simbolizan la simiente de la vida y la promesa del renacimiento. Sólo si "desandamos" la vida que hemos creado, podremos entrar en el vacío, el centro, y recibir la simiente de nueva vida.

Antes de proceder, tengamos claro lo siguiente:

- El único lugar donde deberíamos desear estar en este momento es aquí, en el planeta Tierra.
- El vehículo más importante para el viaje es el cuerpo físico.
- Las energías más poderosas de que disponemos para la transformación son los fuegos de la sexualidad.
- El único lugar donde podemos conseguir la transformación alquímica es el inframundo, también conocido como infierno.
- La fuerza inconquistable es el amor, que persiste hasta que recordamos todos los aspectos de nuestra naturaleza y nos volvemos completos. Ése es el poder de la Gran Madre.

Hasta ahora hemos sido víctimas de un gran engaño mediante el cual se nos han ocultado estas realidades.

8
EL AMOR QUE NO CONOCE FIN

Puede parecer extraño que la fase del viaje relacionada con el amor sea masculina, vinculada con el signo de Libra, símbolo del equilibrio. No obstante, el amor expresado en los relatos que figuran a continuación es dinámico y tiene todos los elementos de actos valerosos que están vinculados simbólicamente con el heroísmo. De hecho, hay que tener un profundo amor propio para decidirse a hacer frente a las partes del yo que han quedado separadas y que, incluso ahora, languidecen en la oscuridad. Los que hemos experimentado el tormento o la tristeza de la pérdida de un ser querido sabemos que únicamente a través de una reconexión, sea física o espiritual, podremos llegar a conocer de veras el significado del amor sublime.

♎ **LIBRA**

Cualidad: cardinal; valoración consciente del plan creativo

Alquimia: putrefacción y fermentación

Polaridad: masculina; amante, compasión, valor, responsabilidad, autodisciplina

Fase de Luna Gibada Menguante: distribuir y transmitir

Así pues, el amante que todos llevamos dentro es el que puede estar relacionado con este arquetipo cuya compasión, como hemos aprendido aquí, no conoce fin.

DEMÉTER: LA GRAN MADRE

Uno de los personajes mitológicos más conocidos que se vincula con el amor es la diosa Deméter, cuyo pesar por la pérdida de su hija Core y sus posteriores tribulaciones para conseguir la devolución de su hija sana y salva se relatan en forma detallada en el *Himno Homérico a Deméter,* que se piensa que fue escrito alrededor del siglo VII a.C. Muchos lectores habrán oído decir que Perséfone era hija de Deméter. Sin embargo, como Perséfone es una Diosa Triple, el nombre del aspecto de Virgen es Core; el aspecto de Arpía se conoce como Perséfone.

Zeus, soberano de todos los dioses y los hombres, promete secretamente a su hermano Hades, dios del inframundo, que le entregará a Core (su hija de un breve matrimonio con su hermana Deméter). Después de acordado esto, es sólo cuestión de hacer que Core se aparte de la mirada vigilante de su madre. Esto sucede un día, cuando la atención de la doncella se ve atraída por una flor de seis pétalos particularmente bella, el narciso.

Cuando Core se inclina para recoger este fascinante objeto, el suelo se abre y la doncella es atrapada por Hades (conocido también como Plutón) quien, sin hacer caso a sus gritos, la lleva al inframundo en su cuadriga de oro. Según la versión griega, no nos enteramos de mucho más sobre el sufrimiento de Core hasta que pasa un año, aunque en la versión romana se añade la suposición de que fue violada, según la influencia dominante de la energía masculina en ese entonces.

Entretanto, en la superficie, Deméter no soporta más la preocupación, por lo que exhorta tanto a inmortales como mortales a que le revelen todo lo que sepan, pero todos mantienen el silencio. Si bien Helios, el dios del Sol, y Hécate, la diosa de la Luna, oyeron los gritos de Core, no le dicen nada a su madre. Durante nueve días, Deméter vuela alrededor del mundo, sin comer, beber ni dormir hasta tener a su hija de vuelta. El décimo día, Hécate denuncia lo que están tramando los hermanos y los planes que tiene Hades de hacer de Core su esposa. Naturalmente, Deméter se pone lívida y exige que Zeus haga algo, pero éste simplemente le da la espalda.

Como venganza, Deméter retira inmediatamente de la Tierra toda la energía sustentadora y empieza a andar sin rumbo entre los mortales, ocultando sus poderes de diosa y con apariencia de anciana. Se dice que pasan otros nueve días (es interesante señalar que en total son diecinueve días; el lector recordará que el número diecinueve representa la aceptación de la muerte y el renacimiento) hasta que se encuentra con las cuatro hijas de Keleos, rey de Eleusis, junto al pozo de la ciudad. Cuando éstas oyen decir que Deméter está buscando trabajo como nodriza, se llenan de alegría y la admiten en la casa real para que les cuide a su hermanito, Demofón.

A primera vista, la reina, Metaneira, sabe que esta anciana tiene algo de noble, especialmente porque la sombra proyectada por Deméter en el umbral es radiante. Pero Deméter rehúsa la comodidad de una silla espléndida y el sustento del vino y prefiere descansar en un taburete rústico y compartir un simple refresco de cebada.

Ahora que es nodriza de un vástago real, Deméter decide en secreto extenderle el don de la inmortalidad tras haber perdido a su propio hijo. Le da de beber la ambrosía de los dioses (similar al amrita de los hindúes), lo cubre con su dulce aliento y en la noche lo sostiene sobre el fuego para sacar de él lo mejor. Los padres del pequeño se maravillan de lo bien que se ve pero no saben por qué, hasta que una noche la reina entra en el salón donde estaba Deméter y ve al heredero real ardiendo entre las llamas del hogar. Exige a gritos una explicación y Deméter se revela como la diosa de cabeza dorada que es. Luego reprende a la reina por impedir que su hijo llegue a ser inmortal y declara que a partir de ese día, todos los años, los hijos de Eleusis se verán envueltos en una batalla terrible. Pero reconforta a la reina al decirle: "Constrúyeme un templo y te enseñaré los secretos y los rituales sagrados de la inmortalidad, que harán más llevadero tu dolor".

Nacieron así los misterios eleusinos (aproximadamente en 1500 a.C.). Se celebraban cada año durante casi dos milenios, hasta que las autoridades romanas los proscribieron. Al principio, en los misterios sólo se admitían griegos que nunca hubieran sangrado pero con el paso del tiempo se retiraron algunas de las restricciones, de modo que miles de personas acudían cada año al pequeño pueblo de Eleusis.

No obstante, a pesar de la gran concurrencia, los procedimientos se mantenían en un secreto extremo, con excepción de los preparativos. Lo que está claro es que, durante nueve días en septiembre, se dedicaba gran parte del tiempo a recrear la historia de Deméter. Se alcanzaba el clímax al encender un fuego que simbolizaba la presencia de la vida después de la muerte. Hoy en día, el pueblo de Eleusis es una de las zonas más contaminadas del Mediterráneo, llena de grandes refinerías de petróleo. Dista mucho de los días gloriosos de la Diosa Oscura.

Entretanto, volviendo a la antigüedad:

> La tierra se había mantenido baldía durante casi un año y, a pesar de diversas peticiones, Deméter mantiene su negativa a reponer la vitalidad de la tierra hasta que le devuelvan a su hija. Zeus le manda toda clase de enviados con muchos regalos, pero Deméter se niega a ceder. Por último, Zeus accede a ayudar y manda a Hermes, el mensajero de los dioses, al inframundo para que rescate a Core, aunque ésta ya ha pasado a ser Perséfone, reina del inframundo.
>
> Hades, que no estaba dispuesto a deshacerse tan fácilmente de su consorte, ofrece a Perséfone semillas de granada como sustento en su viaje de regreso a la superficie. Deseosa de volver a casa y a pesar de las advertencias que le había hecho su madre de que no ingiriera ningún alimento del inframundo si no quería quedar atrapada, Perséfone come las semillas. A su llegada a la superficie, Deméter se siente dichosa de ver de nuevo a su hija pero se da cuenta de que Hades no la ha dejado ir sin condiciones. Sabe que, al haber comido las semillas, su hija está condenada a volver siempre al inframundo durante al menos la tercera parte del año, representada por la oscuridad del

invierno. Durante este período de oscuridad, la Gran Madre retira su energía de la tierra y vuelve a experimentar su duelo por la pérdida de su hija hasta que pueda regocijarse otra vez por su regreso, que es cuando cubre a la tierra con la abundancia de colores y belleza de la primavera.

A pesar de la creencia de que el relato de Core se refiere a una batalla entre dioses y diosas, el relato introduce muchas similitudes entre el descenso de Core al inframundo y los viajes emprendidos por Inanna, la diosa sumeria, y por Ishtar, su equivalente para los babilonios. Inanna e Ishtar descienden para encontrarse con su hermana oscura. Si vemos a Perséfone como la Arpía, ese mismo es probablemente el propósito del viaje de Core.

Esta explicación resulta más plausible cuando se revela que las energías masculinas de los dioses Plutón y Hades se añadieron al relato en una fecha posterior, pues el inframundo era inicialmente dominio exclusivo de la Diosa Oscura. De ahí que fuera el destino de Core, y que también sea el de nosotros, descender a la oscuridad, transformando la inocencia etérea de nuestras experiencias externas en la sabiduría profunda del conocimiento esencial.

INOCENCIA
La forma manifiesta de nuestro plano esquemático espiritual
. . . da paso a la
CARENCIA DE SENTIDO
"sin cordura y sin control"
. . . que da paso al
SENTIDO INTERIOR
La sabiduría del conocimiento consciente destilado a partir
de cualquier experiencia
= conocimiento en acción

Aparte de Helios, sólo Hécate, la diosa de las encrucijadas, puede observar el paso de Core. Se la ve comúnmente con tres cabezas y refleja la capacidad de moverse con facilidad entre los mundos. Es nuestro testigo silente que sabe que, a pesar del sufrimiento que produce dejar atrás lo que nos resulta familiar y cómodo, llegará el momento en que también nosotros deberemos descender para encontrarnos con nuestra hermana oscura y ser transformados en su presencia.

Core y Narciso

En la mitología griega, Narciso es un joven que rechaza las insinuaciones románticas de la ninfa Eco y, como castigo, es condenado a enamorarse de su propio reflejo en un estanque. Como no puede consumar su amor, termina por languidecer y es convertido en la bella flor de seis pétalos que lleva su nombre. De este mito proviene el término psicológico *narcisismo,* que se refiere a una persona obsesionada por el amor a sí misma.

En el relato de Core, inferimos un significado diferente de la palabra, especialmente cuando entendemos que los seis pétalos simbolizan la potencialidad de nueva vida. El ensimismamiento de Core y su deseo instintivo de apartarse de la superficialidad y la inocencia (el reflejo en el lago) son lo que la hace extender la mano para recoger la flor, con lo que su destino queda sellado de inmediato. Está claro que cierto grado de amor propio es muy importante para la psiquis, especialmente durante esta fase de la travesía. Es el momento en que escuchamos intuitivamente al corazón del amante y detectamos un profundo anhelo de volver a conectarnos con las partes del yo que han quedado separadas, aunque para hacerlo sea necesario hacer frente a las profundidades desconocidas de nuestra psiquis. Cuando nos envalentonamos para apartar las rocas que nosotros mismos hemos colocado frente a la entrada al inframundo, nuestra vida asume una riqueza que antes sólo experimentábamos en nuestros sueños.

Si, al igual que el joven Narciso, ignoramos las exhortaciones de nuestro llamado interno —la ninfa Echo— esos sentimientos profundos se alzarán para venir a nuestro encuentro y traernos caos, confusión e ira, obligándonos a no aferrarnos más a un estado romántico de la espiritualidad y lanzarnos de lleno a la caldera de la transformación.

El duelo de Deméter

En su mayor parte, el *Himno Homérico a Deméter* se refiere a la angustia de Deméter al pasar por las fases clásicas del duelo:

- **Insensibilidad y negación,** cuando se le impide obtener respuestas
- **Ira** hacia Zeus por haberla engañado
- **Retraimiento** cuando deja de proporcionar sustento a la tierra
- **Culparse a sí misma** cuando vaga sin rumbo, negando su propia naturaleza y su necesidad de sustento
- **Regateo** cuando ofrece el don de la inmortalidad a otro niño a cambio de la fidelidad de éste
- **Confusión, desorientación y rabia** cuando sus planes se ven coartados y tiene que enfrentar la realidad de haber perdido a su hija
- **Aceptación y disposición a seguir adelante** con la construcción del templo y el comienzo de los misterios eleusinos basados en su duelo

La historia de Deméter recoge de hecho las siete puertas por las que todos debemos pasar durante cualquier descenso a la oscuridad. En cada puerta nos deshacemos de las máscaras, velos y ropajes de nuestro mundo exterior hasta que redescubrimos nuestra verdadera naturaleza interior.

Los poderes regenerativos de la granada

Esta fruta roja de cáscara dura cuyo nombre significa "semilla de manzana" viene repleta de semillas que contienen un jugo rojo como la sangre. Se considera que la granada, cuyo diseño se asemeja a un ovario lleno de óvulos, representa el ciclo de muerte y renacimiento que es esencial para la vida eterna. Debido a la relación entre las semillas de la fruta y los óvulos, la decisión de Perséfone de comer la granada abre un pasadizo entre el inframundo y el supramundo, que nos da a todos la opción de movernos entre los dos mundos. Al mismo tiempo, Perséfone determina que todas las mujeres han de seguir los patrones de la Luna, pasando la mayor parte

La granada

del tiempo sobre la Tierra en la luz y un ciclo más corto, el de la menstruación que ocurre cada mes, en la oscuridad del inframundo.

Una versión alternativa del relato de Core

Hay otra versión del relato de Deméter-Core (Perséfone), expuesta por Charlene Spretnak, que arroja sobre el tema una luz levemente distinta.[1] En esta versión cretense, Deméter sigue siendo diosa del grano, pero esta vez se ve a su hija como su ayudante, que recoge flores silvestres y, en particular, amapolas rojas.

> Un día, Core se acerca a su madre y le pregunta: "¿Quién se ocupa de los espíritus de los muertos que rondan sin rumbo a sus familiares y sus antiguos hogares?" La madre de Core reconoce que a ella le corresponde vigilar el inframundo, pero explica que no le sobra mucho tiempo, pues también es responsable de mantener la fertilidad de la tierra. Sin arredrarse, Core se ofrece como voluntaria para asumir esa función ella sola.
>
> Su madre no está contenta de que su hija emprenda un viaje al lugar de los muertos y llora al darle una antorcha que le ilumine el camino. Core recoge amapolas rojas, granadas y espigas de granos para llevarlas como ofrenda de la diosa de la tierra y desciende a la oscuridad. Anda sin rumbo hasta que se encuentra una gran caverna donde viven los espíritus de los muertos. Allí se sienta y coloca ante sí un plato con semillas de granada, el alimento de los muertos. Entonces llama uno por uno a cada espíritu para que aparezcan ante

ella y así poder abrazarlos y marcar sus frentes con zumo de granada, símbolo de la preparación para el renacimiento al supramundo.

Entretanto, la tierra sigue infértil en pleno invierno mientras Deméter espera el regreso de su hija. Entonces, un día, ve un brote de azafrán que asoma en la superficie de la tierra, lo que le produce gran felicidad, pues ahora sabe que está volviendo la primavera; las ovejas traerán al mundo a sus primeras ovejillas y pronto Deméter volverá a reunirse con su querida hija.

Esta segunda versión nos revela que Core no es una niña inocente sino más bien como una diosa en ciernes, lista para hacer lo necesario el día que tenga que asumir las funciones de su madre. No se hace referencia a las energías masculinas de Zeus o Hades. En lugar de ello, el relato se refiere por completo al intercambio cíclico entre los tres aspectos de la Diosa Triple a través de las fases de la muerte, el duelo y la resurrección.

Con el regalo del renacimiento en sus manos, nuestra propia Core que ha descendido al inframundo da vida a los aspectos del yo que han quedado separados y, en esencia, están muertos para nosotros. Al librarse de cualquier atadura de energía antigua y moribunda que mantiene al alma tenazmente aferrada a los mundos físicos y astral, el jugo de la vida permite que cada experiencia emita la luz esencial de la sabiduría. Esta esencia queda entonces almacenada en el *ajna,* o tercer ojo, hasta que las "alas" de este centro energético sean lo suficientemente fuertes como para transportar a nuestra alma entre los mundos por voluntad propia y con facilidad.

ISIS: LA REINA EGIPCIA DEL TRONO

Cuando hablamos del tema del amor según se presenta en la mitología, nuestra atención se concentra naturalmente en la gran diosa egipcia Isis y su hermano-esposo Osiris. Isis es una Diosa Triple que expresa el poder de la creación como diosa de la fertilidad y el de la destrucción como diosa de la magia y el inframundo. Como personificación del trono, su tocado original simbolizaba un asiento abierto, pues todos los faraones

Isis, la Gran Madre

tenían que sentarse en su regazo si querían obtener el poder necesario para gobernar. Éste era uno de los prerrequisitos que establecían muchas de las diosas madres.

La aflicción de Isis por la muerte de Osiris

Osiris e Isis gobiernan a Egipto en forma armoniosa, y traen justicia y civilización a toda su gente. Pero Osiris tiene un hermano amargado y celoso, Set (o Seth), quien desea adueñarse del trono. Como parte de su plan, crea un sarcófago con hermosa decoración, contorneado exactamente a la forma del cuerpo de Osiris. Luego Set invita a todos a un magnífico festín en el que ofrece regalos a quienes quepan cómodamente en el sarcófago. Osiris, que es de corazón puro, no sospecha nada y se acuesta de buena gana en el sarcófago. Inmediatamente, los sirvientes de Set cierran la tapa y la sellan con clavos y plomo derretido, condenando a Osiris a un horrible destino. Entonces lanzan el ataúd al Nilo, donde queda a la espera de que lo encuentre su amada esposa, Isis.

En su búsqueda, Isis encuentra el ataúd atrapado entre unos

> tamariscos, y alza el vuelo en forma de halcón, cantando una canción de luto. Al elevarse por encima de la tierra, lanza un hechizo para que el espíritu de Osiris entre en ella y concibe así a un hijo, Horus, cuyo destino consiste en vengar la muerte de su padre. Asustada ante la posibilidad de que el tío Set quiera matar a su hijo, Isis lo oculta en una isla y vuelve a Tot, el señor del conocimiento, quien le proporcionará la magia necesaria para volver a traer a la vida a su amado.
>
> Antes de que lo pueda hacer, Set descubre el cadáver de Osiris y, decidido a rematarlo de una vez por todas, corta el cuerpo en catorce piezas y las esparce por todo Egipto. Pero esto no merma el amor de Isis, que pide ayuda a su hermana Neftis, quien a su vez ha abandonado a Set, su esposo. Las dos mujeres empiezan a reunir los pedazos del cadáver y erigen un templo a Osiris en cada lugar donde encuentran una parte suya. Sin embargo, hay un pedazo que nunca encuentran: su pene.

En algunas traducciones, Horus no es concebido hasta este momento, cuando Isis se vale de un pene hecho de arcilla para poder concebir y traer al mundo a su hijo. Todas las versiones coinciden en que, con la ayuda de Tot y Anubis, arman el cuerpo de Osiris al coser sus partes y hacer que su espíritu vuelva a su cuerpo. Pero, como Osiris está muerto, no puede volver a los vivos. Por eso desciende a Amenti, el lugar de los muertos, y se convierte en su señor.

> Entretanto, Set está a punto de reclamar para sí el trono cuando Horus regresa para vengar la muerte de su padre. Entran en una amarga contienda, que termina en que Horus toma el trono mientras que Set es lanzado a la oscuridad, donde aún vive, tramando su próxima jugada. Se cree que la batalla entre ellos aún continúa y que disfrutamos de la paz cuando Horus va ganando, pero sufrimos guerras y disturbios cuando Set cobra su venganza. Con todo, se profetiza que a la postre Horus vencerá a Set, las tumbas se abrirán y los muertos volverán a vivir y que en ese momento Osiris volverá a andar sobre la Tierra.

La transformación alquímica de Osiris

Cuando nos encontramos con Osiris por primera vez, es un rey muy respetado, aunque ya sabemos que sólo iba por la mitad de su viaje. En las enseñanzas alquímicas Osiris tiene que deponer su corona y descender al inframundo donde deberá reunirse con su hermano oscuro Set, en forma similar al viaje emprendido por Inanna y, posteriormente, por su esposo, Dumuzi. Seth (para los hebreos) o Set (para los egipcios) representa desde el punto de vista esotérico el tercer aspecto de la tríada de deidades egipcias, en la que Osiris es el creador, Horus el preservador, y Seth/Set el destructor o regenerador.

Durante el descenso (como veremos más adelante y como se indica en las listas del zodíaco de éste y anteriores capítulos), tiene lugar un proceso alquímico de *putrefacción* y *fermentación,* en el que la carne de nuestros relatos y experiencias se va descomponiendo hasta quedar sólo los huesos. Por eso es interesante saber que la palabra sarcófago tiene su origen en las raíces griegas *sarx,* que significa "carne", y *phagein,* que significa "comer". Así pues, el ataúd de Osiris devora su carne, lo que describe perfectamente el proceso.

Una vez sellado el destino de Osiris, el ataúd es lanzado al agua, una metáfora que se refiere a las profundidades de nuestra psiquis donde aceptamos a nuestros propios demonios. Al terminar la putrefacción, el sarcófago queda atrapado en un tamarisco, un árbol de la familia de las acacias, con vínculos místicos a los reinos de la inmortalidad.

La venganza final de Set consistente en desmembrar a Osiris hace que su cuerpo sea dispersado por varios lugares distintos. Es debatible si se trataba de trece o catorce pedazos. Quienes creen que son trece los vinculan con los meses lunares del año, mientras que quienes se inclinan por que sean catorce creen que esta cifra se corresponde con el número de días antes de que la Luna crezca o mengüe. En cualquier caso, las piezas dispersas representan las partes de nosotros que han quedado separadas y que deben ser reintegradas o "recordadas". Son traídas a su lugar de origen en nombre del amor, en tanto celebramos el don que cada una trae a nuestras vidas: en el relato, la celebración consiste en construir un templo. Esto representa el proceso alquímico de *destilación,* en el que se recoge y honra la esencia de cada experiencia, con lo que se desarrolla nuestro Ka, o cuerpo luminoso, de la vida eterna.

Por último, nos enteramos de que la única parte que no se puede encontrar es el pene de Osiris. Una vez más, hay dos interpretaciones. La primera da a entender que este órgano no es necesario en el mundo espiritual, mientras que la segunda dice que el pene representa el deseo físico por el que Osiris quedaría vinculado con el mundo material. De un modo u otro, sin el pene, el espíritu de Osiris es libre de aceptar su posición reconocida, el proceso alquímico de la *coagulación.*

Sea en este mismo punto o en un momento anterior, Isis se vale de su magia y de un pene de arcilla para quedar preñada por su esposo muerto. De esta unión surge Horus, quien lleva el espíritu del fallecido Osiris. Así volvemos a presenciar de primera mano el sacrificio del viejo dios para que pueda nacer su hijo y heredero, del mismo modo que cada noche el viejo sol da paso al nuevo, después de ponerse sobre el horizonte.

EL PODER DEL AMOR

El tema común entre esto y la historia de Deméter es la tremenda capacidad de amar que muestran estos poderosos arquetipos de la Madre, los cuales nos recuerdan que nunca, ni en nuestros momentos más oscuros, estamos solos. Al descender al inframundo de nuestra propia psiquis, quizás nos sintamos como si estuviéramos siendo castigados o hubiéramos sido abandonados, sin darnos cuenta de que el amor de la Madre es lo que nos insta a seguir adelante. Así como la Madre se aflige cuando nosotros, sus seres amados, morimos en la vieja forma, también celebra nuestro renacimiento o regreso, sabiendo que el proceso de purificación se acelerará a través de sus lágrimas.

Como me dijo una vez un sabio curandero maorí: "Cuando el dolor se vuelva demasiado insoportable, ofréndalo a las lágrimas de la Gran Madre, sabiendo que su corazón es lo suficientemente grande como para aceptar y transformar cualquier cosa que se haya convertido en una carga demasiado pesada para llevarla".

9
EL DESCENSO

Al escuchar que Inanna, su hermana celestial, quiere visitarla, Ereshkigal le permite entrar pero le ordena a Neti que tome de Inanna una pieza de sus vestimentas reales en cada una de las siete puertas que encuentra durante el descenso. "Que la santa sacerdotisa del cielo baje la cabeza", exige Ereshkigal.

Según sus órdenes, Neti abre la puerta exterior y deja entrar a Inanna, no sin antes haber quitado de su cabeza la *shugurra,* o corona de la estepa. Inanna exige saber qué está pasando, pero Neti se limita a afirmar: "Las costumbres del inframundo son perfectas y no se pueden discutir".

El descenso de Inanna continúa. En cada puerta le toman otra pieza de su vestimenta o algún ornamento y cada vez hace la misma pregunta y recibe la misma respuesta.

Así:

- En la segunda puerta, le quitan las pequeñas cuentas de lapislázuli que lleva colgadas del cuello
- En la tercera puerta, le quitan la hilera doble de cuentas del pecho
- En la cuarta puerta, le quitan del pecho la placa que reza "Hombre, acude a mí"
- En la quinta puerta, le quitan el anillo dorado de la muñeca

- En la sexta puerta, le quitan la vara de medición de lapislázuli que lleva en la mano
- En la séptima puerta, le quitan la túnica real

> Cuando aparece desnuda ante Ereshkigal, ésta le echa el ojo de la muerte, le habla con ira, lanza un grito de culpabilidad y la mata. Entonces cuelgan el cadáver de Inanna de un gancho en la pared como si fuese un pedazo de carne putrefacta.[1]

Entra en escena la Arpía, cuyo dominio es la Fisura Oscura de la Vía Láctea, donde se encuentra ahora la humanidad. Es imposible evitar su caldera abrasadora si estamos comprometidos a abrirnos paso hasta el corazón de la Gran Madre y fusionarnos con la unicidad eterna. Pero, como puede ver, ésta es la más difícil de todas las fases del viaje, pues la controla una Diosa Oscura, Ereshkigal.

LA ARPÍA

No cabe duda de que, de todos los aspectos de la Diosa Triple, el de Arpía es probablemente el que nos resulta más difícil de aceptar e integrar, pues es al mismo tiempo reverenciada y temida en la mayoría de las culturas. Conocida como la Anciana, la Sabia, la Madre Oscura y la Bruja, se la representa comúnmente como un ser sediento de sangre, de sexualidad promiscua y extremadamente fea. El territorio que gobierna se considera caótico, pues representa los aspectos desconocidos e indómitos de nuestra naturaleza, lo que explica por qué los que gustan de mantener el control encuentran tan perturbadora su aparición en sus vidas.

Desde el punto de vista astrológico, esta fase del viaje está vinculada con un escorpión y con el signo de Escorpio, que a menudo se considera intenso, poderoso, peligroso, profundo, sexual y oculto, cualidades que describen perfectamente a la Arpía. Sin embargo, para algunas culturas, su energía es demasiado poderosa e intensa, por lo que tratan de borrar todo conocimiento de la Diosa Oscura y su vinculación con la muerte de la psiquis colectiva de su gente. Por eso hoy vemos a tantas personas que prefieren ingerir sustancias químicas y hormonas para mantenerse artificialmente jóvenes antes que enfrentar a la Arpía y la inevitabilidad de la muerte y la vejez. Incluso he conocido a personas que me dicen que están "metidas en lo de la transformación" pero que no les interesa "lo relacionado con la muerte", o sea, que prefieren la transición inmediata (y supuestamente indolora) de oruga a mariposa sin pasar por la crisálida.

♏ ESCORPIO

Cualidad: Fija; valoración consciente del plan creativo

Alquimia: Putrefacción y fermentación

Femineidad: El aspecto de la Arpía de la Diosa Triple; la muerte y el caos

Última fase lunar o Fase de Cuarto Menguante: revisar y reevaluar

Pero la Arpía no tolera que la ignoremos así como así y, en su calidad de guardiana del tiempo, nos avisa de que las defensas psicológicas de la negación y la proyección ya no serán los suficientemente fuertes como para desviar sus energías cuando se alza para provocar la necesaria destrucción del viejo mundo y dar paso al nuevo.

Ya estamos viendo su influencia en la desarmonía y los conflictos que aquejan al mundo, en lugares donde muchas cuestiones dolorosas han sido enterradas sin nunca darles solución. Se está haciendo que los viejos agravios, traiciones, abusos y odios abandonen sus sitios de descanso inquieto en la Tierra y que sean reconocidos y transformados en formas que conducirán a la paz duradera. El propio planeta está ayudando con esta conmoción: basta con ver el número cada vez mayor de terremotos, volcanes en erupción, tsunamis, inundaciones, fuegos y huracanes en distintas partes del mundo.

Ahora que nos vemos de cara al centro de la galaxia, la Diosa Oscura exige que reconozcamos nuestras propias creaciones y nos demos cuenta de que, cada vez que experimentamos conflictos, miedo o vergüenza, una parte de nuestra conciencia queda atrapada en un relato que espera

Kali con las cabezas de sus víctimas

su liberación. Estos aspectos del yo ahora piden atención a gritos y no se callarán mientras no hayamos descubierto las gemas de sabiduría que portan en su centro.

La Arpía global

Para entender por completo el descenso y, de hecho, la ascensión a través del sabio hacia el corazón, resulta inestimable conocer algunas de las representaciones de este poderoso arquetipo femenino. Se la conoce indistintamente como Kali la destructora, Ceridwen la cerda que devora cadáveres, Sejmet la leonesa que lanza fuego por la boca, Isis la reina buitre, Morgana Le Fay la reina de la muerte y Perséfone la destructora, por lo que no es de sorprender que haya adquirido semejante reputación. Todas las figuras anteriores representan la muerte, el invierno, la destrucción y la perdición. De hecho, la Parca, a quien siempre vemos blandir su guadaña como señal de muerte inminente, se origina en una antigua diosa escita cuyo símbolo, al igual que el de muchas de las diosas de la muerte, es la luna creciente.

Como descubriremos, cada mito cultural en torno a la Arpía ofrece una perspectiva diferente de su energía arquetípica. En lo que sí coinciden todos es en que se trata de una dama muy poderosa.

Sejmet: La Diosa Leonesa

Se dice que el aliento de Sejmet creó los cálidos vientos del desierto y que de sus ojos salían flechas de fuego. Se cree que la Esfinge, que se conocía originalmente como protectora de los faraones del Alto Egipto y se encuentra en la meseta de Giza, se habría construido hace 11.000 años en honor a esta poderosa diosa leonesa.

También hay un mito que nos dice:

> Ra, el dios del Sol, creó a Sejmet a partir de su ojo de fuego y le pidió que destruyera a los mortales que conspiraron contra él. Cuando Ra vio la sangre correr por las calles, supo que tendría que detenerla. Con este fin, creó una cerveza rojo ocre. Sedienta de sangre, Sejmet bebió la cerveza roja, se embriagó de inmediato, se quedó dormida y volvió a convertirse en una diosa benigna y amorosa.

Desde el punto de vista histórico, es probable que Sejmet sea mucho más antigua que el dios del sol Ra, pero es de todos modos posible que los pueblos antiguos nos hayan dejado una advertencia en este relato tradicional. Se cree que Sejmet representa el lado destructivo de los rayos solares de Ra, que se conocen coloquialmente como destellos solares y que la sangre corre cuando alcanzan su máxima actividad, como sucede ahora en la superficie del Sol. Con el paso del tiempo, el Sol volverá una vez más a quedarse dormido y volverá a ser tan benévolo como antes.

En sentido esotérico, el hecho de que corra la sangre también puede referirse al sangrado menstrual, que libera melatonina, DMT y otras hormonas desde la glándula pineal, lo que da lugar a una mayor sensibilidad o ebriedad psíquica. Desde este punto de vista, el relato ciertamente corrobora las investigaciones de Laurence Gardner, según las cuales los reyes-chamanes bebían sangre menstrual para alcanzar estados de conciencia exaltados antes de entrar en el océano de abundancia de la Gran Madre.[2]

Otra teoría es que este mito predice una época en la que atravesaremos colectivamente un período de aparente caos y destrucción que hará que nuestro yo consciente (lo conocido) quede dormido. Cuando ocurra esto, nuestro espíritu quedará libre para viajar y entrar en los reinos multidimensionales de la Gran Madre. A la postre alcanzaremos la calma y "pondremos los pies sobre la tierra" antes de que comience un nuevo ciclo.

Hela, diosa de la regeneración

El infierno, cuyo vocablo en inglés se basa en el nombre de la gran diosa Hela, es uno de los lugares más temidos en la mitología religiosa. Sin embargo, a diferencia de los cristianos, los pueblos nórdicos antiguos no veían el inframundo como un lugar de retribución y castigo sino como un vientre de renacimiento y regeneración. Las capillas más tempranas dedicadas a Hela eran, de hecho, cavernas en forma de útero que a menudo estaban comunicadas con una corriente subterránea de agua caliente o respiradero de vapor alimentados por un volcán cercano. En otras ocasiones, la caverna estaba conectada con un glaciar, lo que representaba el hecho de que Hela se encontraba a gusto en todos los extremos de temperatura. Para los pueblos nórdicos, todo el mundo, incluidos los dioses y diosas, tenía que pasar por el dominio de la Diosa y, por lo tanto, no era un lugar temido.

En la región del Pacífico aún se piensa que la Madre Muerte vive dentro de una montaña de fuego. Es así como conocemos a la Diosa Oscura Pele quien, al igual que Hela, mantiene vivas las almas de los muertos en un fuego regenerativo hasta que estén listas para renacer. En lugar de aterrorizarnos o llevarnos a la tortura eterna, como el concepto cristiano del infierno, la caldera de Pele o caldera volcánica nos lleva a la promesa de vida eterna. Teniendo esto presente, la próxima vez que alguien le diga que se vaya al infierno, recuerde que de hecho le está dando una gran bendición, por lo que puede responderle: "¡Gracias, así lo haré! ¡Le deseo a usted la misma suerte"!

Otro dato interesante relacionado con la diosa Hela es que en muchas tradiciones nos enteramos de la existencia de señores de la muerte que, mediante el uso de un casco o una máscara de invisibilidad, pueden pasar por el inframundo sin que los detecte la Diosa Oscura, con lo que escapan de la muerte permanente y entran en el paraíso del renacimiento. Por haber conseguido esto, a menudo se les llama "las gemas dentro del vientre", de modo similar a la joya budista dentro del loto, símbolo de la luz brillante de la Divinidad que resplandece entre los pétalos de la personalidad transformada.

Ahora que comprendemos la activación de la glándula pineal, que produce luz, está claro que esta glándula es la gema o joya que da lugar al desarrollo de la capa de invisibilidad o el Ka. Con esta protección, su portador puede moverse a discreción entre las distintas dimensiones.

Artemisa, la cazadora

En su calidad de Virgen, la imagen de Artemisa es la de un espíritu libre e independiente que corre por los bosques en la noche con sus perros de caza, guiándose únicamente por su intuición. Al igual que la Arpía, expresa el poder de la vida sobre la muerte, pues en este momento, al ser cazadora, está lista para matar a las mismas criaturas que le deben su existencia. Con todo, su poder no es malévolo sino que proviene de un sitio vinculado con el destino que no está conectado con emociones, deseos ni caprichos.

Para Artemisa, hay un momento para todo: si es el momento de morir, morimos. Debido a esa perspectiva clara y sin ataduras es que se le encomienda ser la patrona de la partería: el nacimiento se ve como un punto de transición en el que la vida se debate entre un extremo y otro, y únicamente la Arpía puede decidir el destino del bebé.

Uno de los relatos más conocidos de esta diosa griega recoge este criterio filosófico de la vida, aunque el relato se ha ido corrompiendo debido a los que prefieren ver a Artemisa con emociones humanas y no con la expresión distanciada del fatalismo.

> Un joven cazador descubre a la diosa bañándose desnuda. Al parecer ofendida por la insolencia del joven y humillada por su vulnerabilidad,

Artemisa lo convierte de inmediato en un ciervo y azuza a los propios perros del cazador para que lo destrocen hasta matarlo.

Este mito en realidad recoge un ritual sagrado de Minos: describe el destino del dios ciervo-rey, cuyo reinado sólo dura seis meses hasta que es "destrozado" y reemplazado en el momento cumbre del solsticio de verano.

La asociación de Artemisa con el destino se ve consolidada por el hecho de que está identificada con la Gran Osa, la constelación Ursa Mayor, que contiene la conocida Osa Mayor. Su movimiento por el cielo destaca su posición como protectora del axis mundi, o el eje del mundo, demarcado en el firmamento por la Estrella del Norte o Estrella Polar. Para los antiguos, el comienzo de cada nueva estación del año estaba marcado por la posición de la cola de la Osa Mayor, pues Artemisa es para ellos el reloj eterno.

La Diosa Oscura ahora está pidiendo "tiempo" para todos nosotros. No le interesan nuestras tácticas de regateo, excusas o súplicas, especialmente cuando éstas se encuentran vinculadas con el deseo de mantener nuestro mundo personal libre de los efectos del reloj que sigue avanzando y el cambio que ya se nos viene encima. Es hora de seguir adelante . . . estemos listos o no.

Mah o Mut: La Diosa Buitre

Durante varios años en mis sesiones de meditación, sentía la clara impresión de tener un pico, una corona o mechón de pelo y bellas plumas estilizadas. Incluso me "sentía" planeando sobre las corrientes térmicas en lo alto del cielo claro, con las alas extendidas, mirando hacia abajo, a minúsculos puntos que se movían en la tierra. Hace unos tres años, estas impresiones eran tan intensas que decidí pedir ayuda a Makua, un sabio y maravilloso kahuna hawaiano que era además uno de mis tres mentores.

Me llevó a los tubos de lava creados por las potentes erupciones volcánicas de Pele y me sugirió que siguiera el sinuoso sendero que llevaba hasta el fondo de la caldera y dejara que el entorno natural hiciera su magia conmigo. Mientras descendía, me abrí a la conciencia del ave y sentí que mi cuerpo se transformaba de inmediato hasta que tuve un fuerte pico, ojos muy penetrantes y garras afiladas. Me pareció que me había transfigurado en águila y, como me sentía orgullosa de ello, me pregunté interiormente: "¿Quién eres"?

La respuesta me tomó por sorpresa: "Soy un buitre".

"Oh no," dije con un suspiro y sentí que todo mis prejuicios salían a la superficie. "¿Cómo puedo decirle a este hombre santo que me espera en lo alto del sendero que soy un buitre?" Afortunadamente, apenas unos segundos después de haber pensado esto, mi curiosidad me hizo preguntar: "¿Pero usted vuela en círculos en el cielo, esperando que muera algún animal"?

Tan pronto este pensamiento salió de mi mente, sentí un revoloteo de mi buitre interior, que exigía respeto. "Sí, así es. Devoro a los muertos, pero no a los vivos. Limpio los huesos de cada animal, liberándolos de sus ataduras terrenales para que su espíritu pueda volver a la fuente y renacer. Sólo nos ven como feas plagas los que temen a la muerte o han olvidado los ciclos regenerativos. Otros nos reciben con los brazos abiertos".

Me di cuenta de que no siempre había mirado favorablemente a esta bella criatura.

"Nuestra vista es muy aguda", prosiguió el buitre, "y podemos ver a una distancia mucho mayor que casi cualquier otra ave. Esto nos permite no sólo ver los objetos físicos, sino observar la belleza y la armonía perfecta de nuestra existencia multidimensional, que está tan cerca que podríamos tocarla, aunque para una mente humana limitada, es como si estuviera en otro universo".

Aleccionada por la sabiduría de esta poderosa ave, mi nueva maestra, regresé adonde me esperaba Makua y procedí a decirle lo que había acontecido. "Por supuesto", dijo cuando terminé de hablar. "El buitre es el cóndor, un ave espiritual que vive y se mueve entre las dimensiones, como Hermes se movía entre los mundos, llevando los mensajes de los dioses. El buitre puede vivir en ambos mundos, el de los vivos y el de los muertos, y está particularmente adaptado a despejar el camino para que otros puedan seguirlo, incluso si eso significa arrancar la carne de los huesos de los muertos".

Desde entonces, he aprendido que el buitre es de hecho uno de los más antiguos animales totémicos de la Arpía y es conocido en Egipto como el ángel de la muerte. Algunas culturas, como las de los tibetanos y los iraníes antiguos, no enterraban a sus muertos, sino que los colocaban en una "torre de silencio" abierta por arriba para que los buitres pudieran llevar a cabo los últimos ritos. Esto se debía en parte a que estos pueblos vivían en tierras duras y desérticas que no eran adecuadas para los enterramientos, pero los iraníes también construían estas torres para honrar a la diosa de la luna Mah, pues creían que los buitres transportarían a los muertos a los reinos celestiales. Incluso cuando los persas trajeron la costumbre del enterramiento, se mantuvo el hábito de hacer que los buitres desmembraran el cuerpo antes de enterrarlo.

Los egipcios consideraban que la diosa con cabeza de buitre era el origen de todas las cosas y la representaban en figuras como Mut e Isis. Esta última solía aparecer como un buitre que llevaba el anj, la cruz de la vida, en una de sus garras. En forma de buitre es que Isis arranca la carne de su consorte muerto, Osiris, del mismo modo que Kali devora a su esposo fallecido, Shiva, y luego lo hace reencarnar en su vientre (recomponiendo los pedazos) antes de traerlo al mundo como Horus, el hijo y heredero. Vemos así que el vientre de Isis da al mismo tiempo la fuerza necesaria para proporcionar sustento y traer al mundo y para destruir, en cuyo caso la destrucción está representada por el sarcófago o "ataúd que devora la carne".

Las valkirias: cuervos, halcones, yeguas y cisnes

Conocemos a otras diosas carroñeras como parte de los relatos de las valkirias, quienes, en su calidad de colaboradoras del dios nórdico Odín, asumen forma de aves carroñeras, como las cornejas y los cuervos. De hecho, se cree que el término *arpía* tiene su raíz en una forma antigua de referirse al cuervo. Desde el punto de vista de la alquimia, la aparición de estas aves en nuestras vidas representa las primeras señales de que la Diosa Oscura nos está llamando.

Las valkirias son también capaces de transfigurarse en halcones, cisnes y yeguas. Existía la creencia de que las pesadillas eran viajes que hacíamos al inframundo sobre el lomo de la Diosa Oscura. Los tres animales están vinculados con la facilidad de movimiento de un mundo al siguiente. Así, los chamanes de antaño usaban plumas de cisne para que les ayudaran en su viaje entre las dimensiones. No es de sorprender que en los contornos del paisaje de la Isla de Avalón, un conocido portal al inframundo, se vea la figura de una anciana que cabalga sobre el lomo de un cisne.[3]

En la alquimia, el cisne representa el fin de la fase de putrefacción en el proceso, el momento en que podemos ver un fluido lechoso que nos hace recordar la luz blanca de la resurrección.[4] Hay muchos relatos vinculados con el cisne. Quizás el más famoso de ellos sea el del ballet *El Lago de los Cisnes,* que fue escrito por Chaikovski. Esta obra nos habla de la gran atracción que existía entre el heredero del trono, el príncipe Sigfrido, y la princesa Odette, que ha sido convertida en cisne durante el día y en mujer durante la noche por el hechicero malvado Von Rothbart. Si bien esta historia es relativamente moderna y tiene distintos finales que van desde lo romántico a lo trágico, se refiere al maleficio que la Diosa Oscura, el cisne, mantiene sobre el joven rey, quien sabe que está condenado a sucumbir a sus garras. Resulta interesante señalar que en esta versión particular de la historia, la personalidad alternativa de la princesa es contraria a la interpretación arquetípica del mito, según la cual somos humanos durante el día y cisnes durante la noche, libres de volar en nuestros sueños.

En otros relatos tradicionales, nos enteramos de cómo las alas del cisne son robadas y escondidas, dejando a la criatura atrapada en este mundo físico. Según algunos eruditos este relato se refiere a la situación de la mujer durante sus años de fertilidad, que no puede alzar el vuelo hasta que se le devuelven sus alas en la menopausia.

Por último, hay mitos que nos cuentan sobre la bruja malvada, la Arpía, que convierte a los hombres en cisnes, lo que representa su descenso al inframundo. Al final, una doncella los devuelve a la forma humana, pero sólo después de que la doncella se ha sometido a distintas pruebas para conseguir su liberación. Este relato simboliza el descenso de Inanna y nos hace recordar que la continua interrelación entre nuestra Arpía y nuestra Virgen (muerte y renacimiento) —según la cual una da paso a la otra— es la única forma de que nuestro aspecto masculino pueda renacer a la postre en la vida eterna.

Todos estos relatos tienen que ver con el verdadero significado esotérico de desarrollar nuestras propias "alas", concepto que, como hemos visto en la descripción del caduceo, se refiere a la concentración de energía en el chakra del tercer ojo, o ajna via —nuestra vara mágica. Los dos lóbulos de este chakra (semejantes a los de la glándula pituitaria) se llenan de energía hasta que las "alas" tengan fuerza suficiente como para transportar nuestra esencia a la glándula pineal.

Kali: La destructora

Aunque Kali es la Diosa Triple hindú, se la conoce mejor por su representación oscura: se sienta a horcajadas sobre el cuerpo de su consorte muerto, Shiva, y se come sus entrañas mientras que su yoni, o vulva, devora su *lingam,* o pene. Más que cualquier otra diosa, Kali simboliza la imagen arquetípica de la Madre del nacimiento-muerte, cuyo vientre es también una tumba que da vida y muerte a sus hijos. Esto constituye un conmovedor recordatorio de que, al mismo tiempo que una mujer da a luz, también está condenando a su hijo a la inevitabilidad de la muerte.

Para los ojos occidentales, Kali es vista a menudo como la versión femenina del demonio, aunque en realidad representa a la Gran Madre o el ser puro de conciencia y dicha del cual proviene todo y al cual todo regresará. Cualquier proyección sobre ella es simplemente un reflejo de lo que más tememos en nosotros mismos. Se dice que incluso el poderoso Vishnu reconoció que él no era más que una mera versión de su sustancia materna y que su océano intemporal de sangre era la fuente de toda creación.

María Magdalena

Por toda Europa no es raro encontrar catedrales dedicadas a la Madona Negra. Las más famosas se encuentran en Chartres, Francia; Czestochowa, Polonia, y Montserrat, España. Se han planteado dudas en cuanto a quién es en realidad la Madona Negra. Sus estatuas a menudo la representan sentada y grávida o con un niño sobre su regazo. Los franceses estaban firmemente convencidos de que era María Magdalena, esposa de Jesús y madre de su hijo.

No obstante, si se trata de la Magdalena, hay que reconocerla como mucho más que la compañera física de Jesús. Era una alta sacerdotisa, entrenada en los templos de Isis con los conocimientos de la Arpía, según los cuales la muerte y el renacimiento son plenamente reconocidos como el camino a la iluminación y el elíxir de la vida.[5] A través de su "matrimonio" con Jesús, Magdalena le habría ofrecido su vientre, o caldera, para su travesía al inframundo, donde se habría encontrado con sus propios demonios y tentaciones. Una vez allí, Jesús habría permitido que los poderes de la putrefacción y la fermentación, que Magdalena le habría ofrendado en calidad de Diosa Oscura, tuvieran efecto sobre su psiquis, derribando cualquier obstáculo que le impidiera conocerse por completo. Al hacer frente al fin a sus demonios, Jesús habría encontrado dentro de su corazón un lugar de aceptación y habría sido enriquecido de inmediato por la luz de la conciencia, contenida en el núcleo de cada aspecto.

Por medio de viajes recurrentes al inframundo, su cuerpo luminoso, o Ka, se habría fortalecido más hasta que pudiera experimentar la muerte física y, al cabo de tres días, experimentar plenamente la resurrección dentro de su cuerpo luminoso —la expresión de la inmortalidad.

El hecho de que María Magdalena tuviera suficiente capacidad como para contener la energía de Jesucristo a su paso por este proceso revela el nivel de iluminación que ella habría alcanzado y el hecho de que, antes de su descenso, María Magdalena también habría tenido que bajar para poder enfrentar e incorporar a sus propios demonios. En esencia, se considera que representa a Sofía, el aspecto de sabiduría de la Gran Madre, que a menudo se simboliza simultáneamente en forma de serpiente y de paloma. Sofía ha sido descrita como el alma de Dios, fuente de su poder y espíritu de luz (el Espíritu Santo), y es similar a la Shejiná de los cabalistas y a la Shakti de los hindúes. Todas estas figuras han sido objeto de "mala prensa" a manos de quienes preferirían menoscabar su importancia. No obstante, sin el respeto y el honor que merecen no puede haber matrimonio sagrado entre alma y espíritu, ni oportunidad de alcanzar la vida eterna que se nos ofrece a todos en estos momentos.

LOS FUEGOS SEXUALES DE LA PURIFICACIÓN

En muchas culturas antiguas había sacerdotisas que practicaban rituales sexuales sagrados para obtener su propia purificación y transformación y la de sus compañeros sexuales. Estas doncellas, simbolizadas por la serpiente, trabajaban bajo la orientación de las grandes Arpías, como Isis, Ishtar y Kali, y eran veneradas por su dominio de estos fuegos sexuales. Por medio de su entrenamiento, llegaron a honrar y respetar la poderosa energía de la serpiente, que fluye por el espinazo, vincula los chakras y es activada por sucesos unificadores, como el acto sexual. Poco a poco, a través del uso correcto de la respiración, el refinamiento de la energía expresada por cada chakra y una sana relación entre sus mundos físico y espiritual, llegaron a ser una vasija de fuego para la purificación de cualquier alma que viniera a su presencia.

Irradiaban un aura parecida a un arcoiris y servían como escalera interdimensional, permitiendo a todo el que las rodeaba aumentar su frecuencia de conciencia y alinearse así con su propia verdad o plano esquemático sagrados. En otras ocasiones, cuando las doncellas realizaban el acto sexual, rompían cualquier atadura que sus compañeros tuvieran con una falsa idea del yo y hacían posible que estos compañeros sexuales ascendieran por la escalera serpentina de la doncella hasta que estuvieran frente a frente con su propia naturaleza eterna.

Sin embargo, con el paso del tiempo, el patriarcado consideró degradante que los hombres necesitaran los servicios de las mujeres para conectarse con su propia naturaleza divina. Por eso proscribieron a las sacerdotisas sagradas y las marginaron de la sociedad. Desde allí han esperado hasta el día de hoy. Muchos hombres y mujeres están despertando a la naturaleza sagrada de su energía sexual y están recordando que no hay nada más amable y sanador que bañarse en los fuegos del placer sexual.

SÍMBOLOS QUE ACOMPAÑAN A LA ARPÍA

La caldera

Al igual que Sejmet, a Kali se le asocia con la sed de sangre y en muchas ocasiones se la representa portando una caldera o recipiente de sangre en sus manos. Se cree que este objeto de fuego representa el vientre de la madre cósmica y que está vinculado con muchas diosas, como la diosa galesa Branwen, la celta Ceridwen, la irlandesa Morgana Le Fay, la griega Deméter y la diosa babilonia del destino Sitis, madre de las estrellas.

Como se aprecia en el drama *Macbeth* de Shakespeare, la caldera suele estar en manos de tres brujas o tres hermanas fatídicas, que simbolizan a la Diosa Triple. En otras ocasiones, se representan tres calderas. Trátese de una o tres, el propósito de la caldera está claro: es el contenedor de la sangre sabia, el aguamiel de la regeneración o la ambrosía de la vida eterna —es, en otras palabras, el vientre materno.

La historia nos presenta una y otra vez las osadas aventuras de dioses que consiguen robar a la Arpía este elíxir de la vida, que les confiere juventud, poderes de sanación, sabiduría, transfiguración y transformación. El dios nórdico Odín ingresa como serpiente fálica en una caverna en forma de vientre y cautiva a la Diosa Oscura al hacerle el amor. El dios Indra llega a beber de la ambrosía después de dejarse tragar por la gran serpiente Kundalini, que representa el poder femenino de la transformación, para luego salir volando en forma de ave. Tal vez estos relatos idealicen las travesuras de los dioses, pero no cabe duda de dónde radica el verdadero poder.

El Santo Grial y la herida que no sana

Según las tradiciones celtas, la caldera de la regeneración se considera sinónimo del Santo Grial, la fuente de la abundancia eterna. Por medio de relatos como el de *Conte del Graal,* escrito por Chrétien de Troyes (alrededor de 1160–1180 d.C.) y *Parsifal* (Perlesvaus), escrito por Wolfram von Eschenbach (1220 d.C.), conocemos al Rey Pescador o Rey del Grial y nos enteramos de que ha sido herido por un impetuoso caballero joven que usa una lanza sagrada, contenida dentro del Grial.

La herida es en el muslo (metáfora de la impotencia), lo que hace que las tierras del Rey Pescador sean infértiles y, aunque, el Rey Pescador sigue recibiendo alimento de la caldera, no puede ni ser sanado de su herida ni morir por ella. Como está inmovilizado entre dos mundos, su liberación de los fuegos de su infierno eterno depende por completo de las pruebas y aventuras de sus subpersonalidades, los Caballeros de la Mesa Redonda. A la postre, sólo Galahad, el amante, cuyo corazón es suficientemente puro (sin juicios ni condiciones) puede beber del Santo Grial. Galahad toma entonces la misma lanza que hirió a su abuelo, el Rey Pescador, y sana su herida. Como ha hecho realidad su destino, muere.

En sentido metafórico, la disposición de Galahad a reconocer y amar todas las partes de su ser es lo que le da la pureza y el poder necesarios para blandir la lanza como mago, con lo que al final consigue sanar a su abuelo. Y, ¿cómo es esta lanza? Según muchas descripciones, sangra por una punta. También se la conoce como la espada o lanza del destino y simboliza la vara serpentina, que es propiedad del mago que la honra. Tiene la capacidad de manifestar la forma a partir del espíritu y destilar espíritu a partir de la forma.

En la leyenda cristiana, se dice que esta lanza pertenece a Longino, el centurión ciego, de quien se dice que hundió su lanza en un costado de Cristo en el momento de la crucifixión. El relato nos cuenta cómo la sangre de Jesús cayó en los ojos del soldado y éste quedó curado de su ceguera. Las enseñanzas celtas hablan de la misma lanza pero advierten que solamente quienes posean una pureza espiritual excepcional pueden intentar valerse de su poder. Si la usan seres inferiores, recibirán la misma herida que afligió al Rey Pescador.

A lo largo de la historia, esta lanza del destino ha sido vinculada con la creencia de que quienquiera que la posea gobierna el mundo. Se dice que ha estado detrás de los éxitos de muchos grandes generales y líderes, incluidos Constantino y Napoleón, antes de ser colocada en el Museo Hofburg de Viena, como parte de la colección de los Habsburgo, donde atrajo la mirada y el deseo de un joven llamado Adolfo Hitler, quien consiguió hacerse de ella. Después de su muerte, parece ser que la espada del destino fue incautada por soldados estadounidenses y fue devuelta al Museo Hofburg después de la guerra.

Desde el punto de vista esotérico, la lanza sangrante representa la columna de Jachin, que simboliza a su vez el establecimiento espiritual, o el poder femenino relacionado con la intuición. En los mismos relatos del Santo Grial, se menciona una espada que posee cualidades singulares o extraordinarias que pueden conferir al héroe habilidades sobrehumanas. Se cree que este artefacto, que a menudo se identifica con la espada de David, representa la columna de Boaz, que simboliza la fuerza real, la gobernabilidad y la ley.

Los relatos del Santo Grial fueron escritos en Europa en una época en que había un resurgimiento de lo femenino. Una interpretación temática de estos relatos es que constituyen una advertencia de que la fuerza física y la razón por sí solas no son suficientes para hacer que el héroe sea dueño de su propio destino. Sólo cuando se incluyen en su repertorio la compasión y la intuición surgirá el mago y podrá nuestro héroe convertirse efectivamente en dueño de su destino.

Resulta interesante que las cacerías de brujas comenzaron en Europa al cabo de unos cien años de haberse escrito los relatos del Santo Grial. Durante los quinientos años siguientes, lo femenino se sumió en una oscuridad de la que apenas ahora está empezando a salir.

La manzana

Un último símbolo que está profundamente vinculado con la Arpía es la manzana. Tengo muchos recuerdos entrañables de amigos y familiares que tratan de dar un mordisco a una manzana que cuelga de una cuerda o que flota en una tina en una fiesta de Halloween. En esos momentos, quizás no nos percatemos de la fuerte asociación que existe entre estas prácticas y el viaje al inframundo en busca del elíxir de la vida.

Aunque en la Biblia nunca se dice que la manzana fue la fruta que ocasionó la expulsión del hombre del Jardín del Edén, muchos dan por descontado que efectivamente lo fue. Esta conclusión se reafirma cuando comenzamos a valorar el significado más profundo de este relato bíblico. La manzana es de hecho un antiguo símbolo de inmortalidad, que aparece en la mitología en distintas partes del mundo, incluido uno de los cuentos de hadas más famosos, *Blancanieves y los Siete Enanitos:*

> La bruja malvada, la hermana oscura de la propia doncella, persuade a Blancanieves de que coma el lado rojo de la manzana (que vierta su sangre) al hacerla creer que con un mordisco, sus sueños se harán realidad y conocerá el amor puro. Cuando Blancanieves muerde la manzana, queda inmediatamente dormida como si estuviera muerta y sigue así hasta que llega su amoroso príncipe y, con un beso, la devuelve a la vida.

Aunque podríamos suponer que la moraleja de la historia es "No aceptes frutas extrañas de mujeres feas", este simple relato nos dice que solamente por medio del descenso al reino de la muerte podemos hacer que la verdad contenida en nuestros sueños e ilusiones se transforme en el beso de amor verdadero, o en el amrita, el elíxir de la vida. Los enanitos, con sus distintas personalidades, representan los siete chakras o siete puertas por las que Blancanieves-Inanna debe pasar en su descenso al inframundo.

Así es como la manzana, símbolo de la inmortalidad, se encuentra en muchas tradiciones antiguas, incluida la de los celtas, que dieron a su sitio sagrado de transformación el nombre de Avalón, que significa "isla de las manzanas". Según los escandinavos, la manzana era esencial para que los humanos alcanzaran la resurrección. Colocaban la fruta en las tumbas y colocaban una manzana en la boca de un jabalí sacrificado durante la fiesta de Yule, el solsticio de invierno, a fin de facilitar el nacimiento del nuevo Sol. Los griegos creían que la diosa Hera tenía un manzanar mágico en el oeste, donde su serpiente sagrada custodiaba el Árbol de la Vida.

Una de las razones de que la manzana fuera tan venerada es el hecho de que, si se corta transversalmente, el núcleo con sus semillas forman un pentagrama perfecto, un símbolo mágico de transformación que nos hace elevarnos por encima de este mundo físico hasta llegar al mundo espiritual. En otras palabras, dentro de la masa de la fruta se encuentra el potencial de que seamos transformados y entremos en el mundo eterno de la Gran Madre, donde todo existe en un estado dinámico de potencialidad. Sin embargo, para llegar a ella, tenemos que estar dispuestos a comer y recibir sustento de la carne de nuestras propias creaciones o experiencias hasta que sólo quede el núcleo —una tarea que sólo la Arpía nos puede facilitar.

Una vez que se concede a la manzana el lugar que le corresponde, deben reexaminarse las experiencias de Adán y Eva dentro del Jardín del Edén. A algunas personas les resulta difícil entender por qué un Dios amoroso estaría dispuesto a permitir que los humanos entraran en su jardín, siempre que no comieran de la fruta que podría "abrirles los ojos" y "hacerlos llegar a ser como Dios" (Génesis 3:5).

Cuando Eva escucha intuitivamente a su serpentina sabiduría interior y come de la fruta del Árbol del Conocimiento del Bien y del Mal, absorbe la comprensión de que sólo llegará a conocer la inmortalidad a través de los ciclos de muerte y renacimiento. Cuando los términos *bien* y *mal* se traducen al mundo de la dualidad, comenzamos a percatarnos de veras del mensaje de la serpiente: sólo a través de la aceptación y dominio de la naturaleza dual de nuestra existencia es que llegaremos a entender la Trinidad y a conocer la vida eterna (el Árbol de la Vida), que produce estas energías gemelas y es alimentada por ellas.

Aunque Adán y Eva fueron expulsados del Jardín, nos queda una clave que nos recuerda cómo regresar: "Puso al oriente del jardín del Edén a los querubines, y una espada ardiente que se movía por todos lados, para custodiar el camino que lleva al árbol de la vida" (Génesis 3:24). Una de las muchas interpretaciones posibles de esto es que el sendero al renacimiento es por el este, simbolizado por la colocación de las columnas de Jachin y Boaz. Debemos empezar por sujetar las cabezas de los poderes gemelos de la fuerza física y espiritual. Luego, a través del dominio de los elementos (el querubín de cuatro alas) —aire (águila), fuego (león), agua (serpiente), y tierra (toro)— haremos que el espíritu se manifieste en materia y nos convertiremos en reyes. Tras absorber esta energía, descenderemos a los reinos del fuego, arrancando la carne antigua hasta que sólo quede la verdad (la espada flameante). Si alimentamos el corazón con esta energía, quedaremos cubiertos por nuestro Ka, o cuerpo luminoso, y así obtendremos acceso al árbol de la vida eterna y llegaremos a ser como dioses.

El hijo de la tierra

Hay un último factor esotérico que debe aclararse antes de explorar los aspectos psicológicos del descenso. Como he trabajado con los chakras durante más de veinte años, me ha preocupado cada vez más la tendencia a enumerar estos centros de energía en orden ascendente comenzando con el chakra de base, o Muladhara. Esta usanza no sólo diluye el rico simbolismo que hay detrás de los nombres, sino que limita la oportunidad de explorar la presencia de cualquiera de los centros situados por debajo del chakra de base. ¿No le parece extraño que no se le preste ninguna atención a la energía que llega hasta las piernas y los pies?

Ahora sabemos que existen doce chakras principales, uno de los cuales se llama chakra del hijo de la tierra, o chakra raíz, situado a unas dieciocho pulgadas por debajo de los pies. Este centro, conocido por jueces, sacerdotes y algunos hombres escoceses —o sea, hombres que usan algún tipo de túnica o falda— nos conecta con la poderosa energía que corre por dentro de la Tierra y se considera que es como la circulación sanguínea de la Madre. En forma similar a la lava volcánica, se trata de una energía caliente a la que todos podemos acceder para producir la transformación que esperamos, no sólo para nosotros mismos, sino para el mundo. Al igual que los escoceses, quizás nos percatemos de que, cuando usamos falda podemos incorporar esta energía con mucha mayor facilidad que cuando usamos pantalones. En mi caso personal, he sentido un aumento en la percepción consciente de conectarme con esta energía a través de los pies, lo que me recuerda que estoy en resonancia con el pulso de la Gran Madre Tierra.

EL ÚNICO CAMINO A SEGUIR

Después de haber recopilado información de todos estos relatos y símbolos mitológicos, resulta conveniente bosquejar las fases siguientes del periplo y los participantes en él. Expresados en distintos arquetipos, se repiten una y otra vez en distintas culturas para que podamos refinar la esencia destilada de nuestra alma. Entre éstos figuran:

- **El amante:** El amante desciende al inframundo para encontrarse con la Diosa Oscura, a quien corresponde la tarea de devorar la carne de nuestros relatos hasta que sólo sobrevivan los "huesos" de la experiencia. Esto ocurre bajo la mirada vigilante de la Arpía.
- **El sabio:** Los "huesos" de nuestra verdadera naturaleza se revelan con el surgimiento del sabio.
- **El yo:** Cada aspecto del yo se ofrenda al fuego perpetuo del corazón para que sea aceptado e integrado, llevando a la transformación de la frecuencia inferior de la forma a la frecuencia superior de la esencia. Este proceso es vigilado por la Virgen.
- **El mago:** Esta esencia se ofrenda al ajna, o tercer ojo, a fin de estimular la producción del elíxir de la vida, las alas necesarias para volar. Ésta es la fase del mago.

Si volvemos a la Arpía, vemos que su labor contribuye a deshacernos, como le pasó a Inanna, de cualquier ropaje que sólo representa una identidad exterior, hasta que conocemos la naturaleza del yo verdadero que reside dentro de nosotros. Además, la Arpía nos purifica y fermenta en su caldera abrasadora, eliminando el "relleno" de nuestros relatos o narrativas hasta que queda clara la verdad.

Después de haber conseguido esto, podemos hacer las preguntas siguientes (en nombre del sabio):

- ¿Por qué mi alma creó estas circunstancias?
- ¿Qué parte he encontrado de mi plano esquemático de energía que requiere integración?
- ¿Qué aprendí acerca de mí mismo con este suceso?

Este proceso nos hace volver constantemente al fuego hasta que sólo queda la pepita de oro de la verdad. Este proceso nos exhorta a asumir la responsabilidad por las partes de nosotros que, una vez creadas, hemos tratado de enterrar en los rincones oscuros de nuestra mente (el inconsciente profundo) debido a su conexión con la vergüenza y el miedo.

Aunque este proceso es desalentador para muchos, es importante reconocer que la razón principal de que la Arpía sea tan exigente es que se niega a dejarnos ser menos que nuestro potencial. Como sucede con un padre o madre que ama a sus hijos, las acciones de la Arpía pueden parecer descarnadas y a veces carentes de sentimiento, pero en realidad su corazón, henchido de amor, acepta plenamente todos los aspectos de nuestra persona, incluso las partes que nos resultan tan difíciles de aceptar.

Ahora que ella nos guía, es hora de que bajemos de una vez al sótano o bodega y rompamos los sellos de todos los armarios y viejos cajones que han estado acumulando polvo, no sólo en esta vida sino en muchas vidas anteriores. La mayoría de los cajones han sido trasladados de una casa a otra (de una vida a otra), sin abrir y sin tocar, debido al miedo a lo que pudiera desatarse si su contenido llegara a ver alguna vez la luz del día.

Pero ahora la carga de seguir transportándolos se nos hace pesada y no cabe duda de que, sin ellos, nuestra "casa" ciertamente nos parecería más ligera, pues sabemos que, a medida que desenterremos los verdaderos tesoros que contienen, nuestro Ka, o cuerpo luminoso, se volverá aún más radiante.

ARQUETIPOS Y COMPLEJOS

¿Cuáles son las partes del yo que estamos recordando? La mayoría de ellas son lo que Jung llamaba *complejos arquetípicos*. El término *arquetipo* significa "molde inicial" o "fuerza organizadora para crear" y el término *complejo* se refiere a cómo, con el paso del tiempo, las creencias, emociones y relatos se han ido asociando con un arquetipo dado. Una analogía aplicable es la de un objeto abandonado en el fondo del mar, que lentamente se va incrustando de corales, algas, minerales y moluscos hasta que adquiere una forma totalmente distinta, aunque el objeto original todavía esté dentro. Así, en el caso del arquetipo de la Madre, alrededor de ella se entretejen imágenes de sustento y compasión junto con otras que la hacen ver como un ser sobreprotector y exigente.

Cada arquetipo puro tiene varias caras distintas. Todas deben expresarse para que puedan plasmar completamente esa frecuencia particular de conciencia, de la misma forma en que la armonía de un tono aporta mayor profundidad al sonido. Así, podemos encontrarnos con que la personificación de la mujer sexual puede expresarse como alta sacerdotisa, bailarina sagrada, madre muy fecunda, seductora, prostituta o víctima de violación. De modo similar, el arquetipo del rey puede identificarse con el emperador, el señor feudal generoso, el padre amable, el líder omnipotente, el tirano y el que teme a la traición. Todos se pueden describir en términos de "vidas anteriores", aunque sería más preciso decir que estas "vidas" no son más que distintas facetas de la misma imagen holográfica.

Desafortunadamente, debido a creencias sociales y religiosas vinculadas con lo "correcto" y lo "incorrecto", muchas expresiones naturales de los arquetipos han quedado separadas o desvinculadas de la esencia de nuestro ser, o sea, del corazón. Las emociones más importantes relacionadas con ese abandono son la vergüenza y el amor: cada persona hará todo lo que esté en su poder, incluso a lo largo de varias vidas, por ocultar el secreto de su propio ser esencial.

No obstante, por bien oculto que esté, cada arquetipo emite una poderosa frecuencia de energía que organiza todo lo que esté en su presencia según un patrón particular e irrepetible. Se trata de la misma cualidad del sonido que crea las formas que se ven en la labor de Hans Jenny[6] y Masaru Emoto.[7] En el caso de los complejos arquetípicos, que existen comúnmente fuera del control de la percepción consciente, su vibración atrae a nuestras vidas situaciones que, a primera vista, no parecen estar relacionadas con nuestra personalidad.

Por ejemplo, si ignoramos el vínculo con nuestra ira, tendremos la tendencia a atraer a nuestras vidas a personas iracundas hasta que al fin entendamos que el problema no es externo sino interno. Lo similar atrae a lo similar. Si llevamos más allá esta tesis, quizás descubramos que no solamente sentimos miedo en relación con la ira debido a la presencia de esta emoción en nuestra familia, sino que en realidad sentimos miedo y vergüenza en relación con nuestro propio tirano interior— y vemos su reflejo en un miembro de la familia a quien despreciamos secretamente.

Ahora el pétalo de nuestra flor se ha desdoblado y la pepita de oro potencial ha quedado revelada. Al aceptar al tirano en nuestro corazón, como una parte del yo, tiene lugar la integración y la subpersonalidad identificada se transforma en la esencia dorada de la conciencia. La función de la Arpía consiste en ayudarnos a revelar los aspectos de nuestro ser que aún permanecen en lo oscuro, pues en realidad todos son parte de la Gran Madre. Su amor es el que puede integrar nuestras emociones más profundas y descarnadas, nuestras facetas más aterradoras y nuestras experiencias más vergonzosas. La Gran Madre no tiene interés en juzgar, arreglar, rescatar o perdonar; sólo pide que revelemos nuestro yo auténtico y exige que nos quitemos cualquier máscara o velo que oculte la belleza de nuestra verdad.

El relato de Inanna nos dice que, al ver que ésta no reaparece, su fiel sirviente (la intuición) pide ayuda a los dioses. Sólo Enki, el sabio, ofrece una solución:[8]

> Toma un poco de suciedad de sus uñas y crea a dos pequeñas criaturas andróginas: Kurgarra y Galatur. Como son pequeñas como moscas, Enki cree que no serán vistas por los guardias de Ereshkigal. Les dice a estas criaturas que, cuando entren en el aposento de la Diosa Oscura, la verán gimiendo y a punto de dar a luz. Les pide que imiten los gemidos de la Diosa Oscura de modo que, cuando ella diga "¡Ay, ay! Mis entrañas", las criaturas deberían decir "¡Ay, ay! Tus entrañas", y cuando diga "¡Ay, ay! Mis costados", deberían decir "¡Ay, ay! Tus costados".
>
> Las dos pequeñas criaturas hacen lo que se les pide: cuando están dentro de la habitación de parto de Ereshkigal, imitan sus gritos. A Ereshkigal le sorprende tanto que no se asusten ante su aspecto, que les ofrece un regalo. Las criaturas le piden el cuerpo de Inanna, que cuelga del gancho y, una vez que el cuerpo está a su cuidado, vierten sobre Inanna el jugo de la vida y la hacen resucitar.

Estas minúsculas criaturas asexuales, creadas a partir del componente básico de la vida, no parecen tener ningún designio ulterior ni deseo personal y, por lo tanto, son capaces de estar completamente presentes ante la angustia de la Reina Oscura, ofreciéndole su compasión incondicional. Como ha pasado la mayor parte de su vida ocultándose en las cavernas del inframundo y temerosa de que sus emociones más descarnadas produzcan una mayor alienación, Ereshkigal se sorprende ante la empatía de las pequeñas criaturas y les ofrece como regalo el renacimiento de Inanna.

Éste es el nivel de amor que se nos pide que derramemos sobre todos nuestros arquetipos que han quedado envueltos en la vergüenza o el miedo. Esto sólo puede suceder si nosotros, como las pequeñas criaturas, plasmamos completamente su energía, sintiendo todo el abanico de emociones vinculadas con esos personajes sin necesidad de perdonar ni de buscarle sentido a la situación.

Ésta es la parte más difícil del descenso, pues resulta mucho más fácil comprenderla intelectualmente que conocerla en nuestros corazones. En muchas ocasiones, preferiríamos simplemente perdonar y olvidar, sobre todo cuando afloran emociones profundas e incontrolables o cuando de repente nos vemos en otra persona y preferimos apartarnos de ella. Pero es que no es el momento de escondernos de nosotros mismos. En lugar de ello, debemos aceptar nuestras sombras más profundas, un concepto expresado con gran fuerza en este poema de Thich Nhat Hanh titulado "Te ruego que me llames por mis verdaderos nombres":[9]

Soy la adolescente de doce años,
refugiada que navega en un pequeño bote,
que se lanza al océano
tras haber sido violada por un pirata.
Y también soy el pirata,
mi corazón aún no es capaz de ver y amar.
. . . Te ruego que me llames por mis verdaderos
nombres,
para que pueda despertar
y para que la puerta de mi corazón
puede quedar abierta,
la puerta de la compasión.

Sólo cuando recordamos que todos somos uno y sentimos el corazón que late en cada persona que conocemos, podremos entender verdaderamente el significado pleno del perdón. En realidad:

No soy más que otro ejemplar de ti.

10

LA VERDAD LOS HARÁ LIBRES

A medida que cada arquetipo va surgiendo de la oscuridad, podemos experimentar prejuicios, miedo y vergüenza (como me sucedió con mi buitre), con lo que tal vez busquemos la separación de este aspecto y experimentemos el deseo de ofrecerle el perdón para poder deshacernos de su presencia. Sin embargo, la única manera de pasar es mediante el descenso, profundizando hasta que conozcamos el arquetipo en su forma más pura y podamos personificar sin miedo su energía. Aunque no es un proceso fácil, si no somos capaces de decir "Te acepto como parte de mí", nos privamos de la oportunidad de entrar en el corazón de la Gran Madre y experimentar la abundancia que allí nos espera.

Quien conoce la verdad es el sabio que todos llevamos por dentro, simbolizado por el signo de Sagitario. Con una compasión distanciada, cuando se enfrenta a cada aspecto o subpersonalidad a medida que surgen del fuego, lo hace buscando la autenticidad en lugar de juzgar su valor. En la alquimia, la terminación del proceso de fermentación está simbolizada por la hermosa cola del pavo real. Esto revela los muchos "ojos" de nuestras subpersonalidades que, una vez liberadas de las cavernas de la desesperanza y el rechazo, nos enorgullecemos de poner a la vista de todos.

♐ SAGITARIO

Cualidad: mutable; la conciencia focalizada o la verdad

Alquimia: el comienzo de la destilación

Polaridad: masculina; sabio

Última fase lunar o Fase de Cuarto Menguante: revisar y reevaluar

A lo largo de mi vida, me he encontrado a muchas de mis subpersonalidades envueltas en lo que llamamos historias de vidas anteriores. En la mayoría de las ocasiones, no salí a buscarlas, sino que más bien ellas me encontraron a mí, proporcionándome enormes oportunidades de crecimiento y potenciación espiritual. Así, con el paso del tiempo, me he encontrado a mí misma en muchas formas distintas:

- Una feliz madre irlandesa con ocho hijos
- Un soldado romano que se ahorca debido al conflicto entre, por una parte, su creencia en las enseñanzas de Jesucristo y, por otra, las órdenes que le imparten sus superiores
- Un esclavo africano que recibe su libertad
- Un granjero de avanzada agotado y desesperado por las continuas lluvias que arrasan con sus cultivos
- Un valeroso guerrero y aborigen norteamericano dedicado a su familia y a la tierra
- Un niño que cae en una laguna y se ahoga
- Un tirano y soldado que trata a todo el mundo con desprecio y muere solo sumido en el dolor en el campo de batalla
- Una experta en magia negra que usa sus habilidades para poseer cosas que no le corresponde poseer

Cuando estos personajes me han aparecido, cada uno ha aportado una cualidad emocional que ha insuflado energía en cada célula de mi cuerpo hasta hacerme sentir que yo era efectivamente esa subpersonalidad. Esa personificación tuvo una implicación de autenticidad: la seguridad de que toda la "carne" había sido eliminada del relato y de que estaba experimentando la conciencia esencial.

Esto no siempre fue un proceso fácil, especialmente en el caso de una de mis conexiones más recientes, cuando entré en contacto con una energía cruel, fría y calculadora. Me resultó muy claro desde el principio que esta subpersonalidad residía en los tres chakras inferiores de mi cuerpo, y me impedía sentirme completamente segura, protegida afectivamente y con seguridad en sí misma. En un inicio, le ofrecí amor, en parte con la esperanza de que me dejara tranquila, pero simplemente se mofó de mí. "No me afectan tus emociones humanoides", dijo.

Transcurrieron muchas semanas, y estaba empezando a desesperarme pues, al igual que Lilith en el árbol de Inanna, parecía ser que esta energía se había instalado en mi cuerpo. Cuando pedí ayuda a este respecto durante un seminario, recibí el siguiente consejo: "Acerca a tu corazón las partes del yo que te ocasionan angustia y diles: las acepto como parte de mí". Siguiendo estas instituciones, hubo un cambio inmediato y la energía reptiliana (pues eso era) quedó absorbida y se transformó en mi corazón en la esencia pura de la conciencia, juzgada no como algo bueno o malo, sino más bien como parte esencial de mi alma.

Corresponde al sabio que todos llevamos por dentro poner en duda nuestras intenciones y creencias más profundas hasta que sólo quede la verdad. Ese proceso se refleja en el relato del descenso de Inanna por los siete niveles. Para los sumerios, el número siete era importante, pues era considerado el número de la totalidad. Este número nos recuerda que la Virgen, nuestro plano esquemático espiritual, sólo alcanza su integridad radiante cuando hace acopio de valor para encontrarse a sí misma en los rincones más oscuros de la psiquis.

Por eso, se nos pregunta:

- ¿Cuál es tu verdadera autoridad?

  Esto se refiere a la primera puerta, el chakra de la corona. ¿Necesitas una corona de verdad para exigir la soberanía sobre tu ser? La falta de autoestima se reconoce fácilmente cuando hay necesidad de exhibir superioridad, arrogancia u orgullo, o de estar a la defensiva. Sólo llegaremos a conocer la verdadera autoridad cuando no tengamos la corona del éxito externo o el orgullo.

- ¿Qué es lo que no quieres ver?

  Esto se refiere a la segunda puerta, el tercer ojo. El lapislázuli abre el tercer ojo y aporta a la persona que lleva esta piedra preciosa una mayor capacidad de adentrarse en otros reinos, aumentar su conciencia psíquica y ampliar su crecimiento espiritual. También nos incentiva a desviar nuestra atención del mundo exterior al interior y vernos frente a frente en el espejo.

- ¿Puedes prescindir del control y confiar en el resultado?

  Esto se refiere a la tercera puerta y el chakra de la garganta. En esta puerta nos deshacemos de la necesidad de dictar el resultado a través del regateo, el análisis y las excusas, y aprendemos a dejarnos llevar por la travesía. Probablemente ésta sea una de las puertas más difíciles.

- ¿Qué queda cuando sólo hay amor?

  Eso se refiere a la cuarta puerta y el chakra del corazón. Cuando dejamos ir las condiciones, expectativas, exigencias y deseos, ¿qué es el amor?

- ¿Quién eres?

  Esto se refiere a la quinta puerta y el plexo solar. En esta puerta, se nos guía a que nos desprendamos de las ataduras que mantienen una identidad externa y nos reconectemos con la seguridad en nosotros mismos que surge desde el núcleo de nuestro ser.

- ¿Por qué te ocultas?

  Esto se refiere a la sexta puerta y el chakra sacro. Esta puerta nos conecta con nuestras relaciones y nos hace preguntarnos qué aspectos estamos ocultando debido a la vergüenza y la humillación y en qué aspectos hemos dejado de respetarnos. Ereshkigal exige autenticidad; por eso no hay lugar para la vergüenza o los secretos. Cuando entregamos al amor del Gran Madre las partes secretas de nuestro ser, se disuelve la razón de ocultarse.

- ¿Te perteneces?

  Esto se refiere a la séptima puerta y el chakra de base. Esta última puerta nos desprovee de nuestras últimas defensas hasta que quedamos desnudos. Nos pregunta si podemos sentirnos seguros siendo simplemente nosotros mismos.

Cuando Inanna llega frente a Ereshkigal, la hermana oscura se percata de que Inanna sigue envuelta en la piel de la "vida" mortal y, de un golpe, le quita la cubierta externa para que el espíritu quede libre, y cuelga de un gancho la carne moribunda para que se pudra.

EL FUEGO PERPETUO

Capricornio es uno de los signos más complejos del zodíaco, pese a sus vínculos esotéricos con las reglas, la responsabilidad y la lealtad. Desde el punto de vista esotérico, su glifo representa una síntesis entre un animal y un pez, lo que simboliza la transformación que tiene lugar en este nivel entre nuestras naturalezas física y espiritual. Desde el punto de vista de la alquimia, esta fase se llama *destilación* y la representa el pelícano, un ave que es capaz de alimentar a sus críos con su propia sangre, dándose picotazos en el pecho. Esto simboliza nuestra disposición a alimentarnos con los frutos de nuestros esfuerzos o gemas de sabiduría y reconocer que, al hacerlo, estamos dispuestos a sacrificar nuestro rey arquetípico a cambio de la promesa de nueva vida.

♑ CAPRICORNIO

Cualidad: cardinal; percepción consciente transformada en esencia pura

Alquimia: destilación; el pelícano

Polaridad: femenina; la Diosa Triple

Fase de la Luna Menguante: destilar y transformar

En otras palabras, mientras persista una narrativa antigua y aún haya energía y emociones vinculadas con ella, seguiremos perdiendo energía que se desperdicia en esa situación, lo que constantemente nos hace sentir depauperados desde el punto de vista espiritual. Solamente cuando estemos dispuestos a aprender de nuestras experiencias y responsabilizarnos por el papel que hemos desempeñado en la creación de esa narrativa podremos extraer las gemas de cada subpersonalidad involucrada y alimentarnos con la riqueza de su fuerza vital y su sangre para que lo viejo pueda realmente morir.

Para comprender más profundamente este proceso, recurriremos una vez más a la Virgen, en quien confiamos.

Las vírgenes vestales

Durante la era de la civilización romana, se seleccionaban seis hermosas doncellas para que dedicaran sus vidas a mantener encendido el fuego perpetuo, que era reconocido como el corazón místico del Imperio. Su nombre venía de la diosa romana Vesta, diosa del hogar, y eran parte de una orden mucho más antigua de sacerdotisas que eran conocidas por su magia, su maternidad y por ser quienes seleccionaban a los gobernantes. De hecho, la primera vestal fue la diosa Rea Silvia, que procedía de Creta y, según la leyenda, era la madre de Rómulo y Remo, fundadores de Roma.

Estas jóvenes vírgenes recibían muchos privilegios que normalmente estaban fuera del alcance de las mujeres comunes y corrientes. A cambio se les exigía, a pena de muerte, que concentraran toda su atención en mantener el fuego, no se casaran y no se entregaran a ninguna otra distracción.

¿Porque una sociedad tan marcadamente patriarcal concedía tanta importancia a un grupo de chicas? ¿Qué tenía de especial este fuego perpetuo? En mis investigaciones, encontré la siguiente cita del maestro sufí Hazrat Inayat Khan, que me ayudó a dar mayor claridad a esta importante pregunta:

> Si el amor es puro [y] si la chispa del amor ha empezado a brillar, no es necesario entonces ir a ninguna parte en busca de la espiritualidad,

Las vestales

> [pues] la espiritualidad se encuentra dentro de uno. Hay que soplar constantemente sobre la chispa hasta que se convierta en un fuego perpetuo. Antiguamente, los veneradores del fuego no reverenciaban fuegos que se apagaban, sino fuegos perpetuos. ¿Dónde se encuentra ese fuego perpetuo? En tu propio corazón.[1]

Vesta, Hestia (el equivalente griego) y las vírgenes vestales no eran meramente guardianas de un fuego físico, sino también protectoras del hogar, y se las consideraba el corazón de la casa o incluso de la cultura. Los romanos sabían que el fuego perpetuo era lo que mantenía su prosperidad y abundancia y que, sin él, la creatividad se estancaría, aumentaría la infertilidad, la tierra quedaría infértil y la gente se deprimiría. En esencia, su imperio no sobreviviría.

Hoy en día la mayoría de los humanos seguimos sintiendonos atraídos por el cálido resplandor de un fuego, pues reconocemos su capacidad de promover el espíritu comunitario, reavivar los sueños y añadir una cualidad mágica a los relatos contados. ¡Y, sin embargo, se construyen tantas casas sin chimenea central ni zona común de cocinar, usando en su lugar hornos de microondas que no producen el mismo efecto! Por eso es que vemos a las personas gravitar hacia lugares muy iluminados, como plazas y centros comerciales, hogueras e incluso velas encendidas para tratar de experimentar la esencia del fuego perpetuo.

El corazón y el toro geométrico

Para llevar a un nivel más profundo nuestra exploración del fuego perpetuo, es importante en primer lugar estudiar lo que ya se conoce sobre el corazón, ese singular órgano del cuerpo.

El corazón es un complejo sistema electromagnético que produce, con cada latido, suficiente energía como para alumbrar una pequeña bombilla eléctrica. Su amplitud es de cuarenta a sesenta veces más grande que la de las ondas cerebrales. El campo producido por esta energía irradia a unos doce o quince pies más allá del cuerpo y la parte más poderosa del espectro se encuentra en un radio de tres pies. No es de sorprender que nos sintamos tan bien en presencia de personas que rebosen de verdadera alegría.

Se ha demostrado en investigaciones que una sola célula que se extraiga del corazón tiene una memoria innata que le permite seguir latiendo incluso cuando esté desconectada del sistema nervioso. Al cabo de un tiempo, empezará a fibrilar e irá muriendo lentamente. No obstante, si unimos dos células que estén fibrilando, en algún momento conectarán sus energías entre sí y ambas volverán a la normalidad. Si dos células enfermas en un laboratorio reaccionan de esta manera, lo que representa un ejemplo del poder de sanación de una relación amorosa, imagínese el potencial de acercamiento que existe en el caso de dos personas que se abren mutuamente sus corazones. ¡Imagínese lo que sucedería con países enteros!

En otro experimento, la célula fibrilante fue puesta en presencia de una célula sana. En cuestión de minutos, la célula sana hizo que la célula enferma recobrara su salud, hasta que las dos latieron armónicamente. Esta facultad de las células del corazón de coordinarse se basa en el principio de la congruencia: cada célula contiene el recuerdo de la unicidad. De esta forma, los grandes sanadores irradian tal estado de armonía y congruencia que cualquier persona en su presencia se reordena naturalmente con el estado de unidad y salud del sanador.

Se ha demostrado que la energía electromagnética del corazón asume forma de *toro geométrico* (una forma toroidea).[2] Geométricamente, el toro geométrico se forma al hacer rotar muchos círculos en torno a una línea tangencial cuyo centro toca exactamente todos los círculos girados. Existen tres formas toroideas principales; la más común de ellas es similar a una rosquilla: un toroide tubular.

Dado el interés general cada vez mayor en la geometría sagrada, este diseño sagrado recibe actualmente una atención considerable. El centro galáctico con el que ahora estamos alineados es de hecho un agujero negro en forma de toro geométrico. Si nuestro corazón es un toroide, parece ser que el corazón de la Gran Madre también lo es.

A medida que nuestra investigación profundiza en la naturaleza del toro geométrico, encontramos que tiene una función singular: es un transformador marcado con el plano esquemático de la creación y, como tal, permite la formación de materia a partir del espíritu y también su disolución a la inversa.

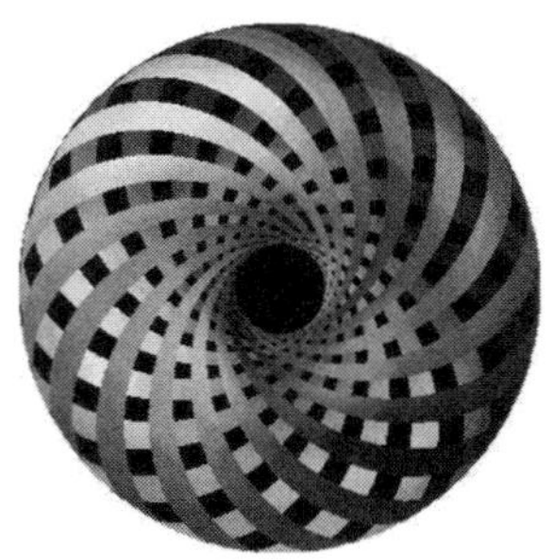

Toroide tubular

En otras palabras, el corazón —de un ser humano o de la Gran Madre, como sucede en el centro de la galaxia— es lo que hace que el espíritu se vuelva materia y vuelve a convertir la materia en la naturaleza esencial del espíritu. Nuestro corazón, actuando como transformador, es lo que hace posible la inmortalidad.

Cuando trasponemos a nuestras relaciones humanas la cualidad transformacional del corazón toroideo, resulta claro que solamente con el corazón podemos encontrar a las personas "donde están", cambiando nuestra frecuencia hasta encontrar una que sea mutuamente aceptable. Pretender lograr el mismo resultado con el uso de la mente suele ocasionar paternalismos, arrogancia y autoengaño.

Al mismo tiempo, a través del poder del amor es que somos transportados más allá de los confines del tiempo y el espacio. Si ha estado enamorado, seguramente ha encontrado que todo en nuestro entorno parece bello, dichoso y amoroso, y que el amor hace que el tiempo se detenga. El amor puede hacer que ocurran cosas (convertir el espíritu en materia) o ayudarnos a no aferrarnos a algo y disfrutar nuestra estancia en este mundo (convertir la materia en espíritu).

Este diseño sagrado tiene otra característica importante: una vez que la energía se genera y es puesta en marcha, el toro geométrico se perpetúa a sí mismo, es decir, mantiene su propio impulso. En otras palabras, el fuego se mantiene encendido por su propio deseo de amar. ¿No es cierto esto en nuestras propias vidas? Buscamos la intimidad de la conexión, que puede ser con otra persona, con la naturaleza, con nuestro ser interior o con la Divinidad. Todos los humanos buscamos la unión. Es un impulso que tienen todos los corazones —el nuestro y el de la Gran Madre. Esta necesidad eterna de conectarnos reafirma lo dicho por la bibliografía médica en el sentido de que el aislamiento, la falta de comunidad y el miedo a hablar con el corazón son importantes factores causales de enfermedades coronarias.

Además, ¿qué sabemos acerca de la circulación de energía dentro del toro geométrico que crea esta autoperpetuación? Una vez más oímos el mismo mensaje: la corriente se mantiene en movimiento continuo gracias a un sano equilibrio entre fuerzas iguales de atracción y repulsión, pues estas dos fuerzas funcionan conjuntamente. Son las columnas gemelas o las energías del ida y el pingala que sustentan la corriente central.

Esto nos hace recordar que nuestro corazón acepta por igual todas las partes del yo, sin juicio ni favor, pues la oscuridad y la luz son igualmente aceptables para mantener el equilibrio. La energía pasa por el centro del toro geométrico en forma de vórtice arremolinado, haciendo cambiar las frecuencias de un nivel a otro. Este núcleo representa la unión entre las fuerzas opuestas, el sushumna, que funciona como agujero de gusano o pasadizo hacia la vastedad de la Gran Madre.

El amor a la dualidad —la unidad mediante la diversidad— es lo que nos permitirá conocer nuestro yo inmortal y eterno. La corriente dentro del toro geométrico es bidireccional: entra y sale por arriba y por debajo, lo que nos hace recordar que espíritu y materia, cielo y tierra, son igualmente valiosos e interdependientes. “Como es abajo, es arriba; como es arriba, es abajo”.

COMUNICACIÓN DE CORAZÓN

Una de las imágenes más comunes de un toroide es la de un anillo en forma de rosquilla cuya superficie consiste en siete colores distintos, todos en contacto y con aparente capacidad de comunicarse entre sí a pesar de sus distintas frecuencias.

Se sabe que esta transmisión de información tiene lugar no solamente debido a una conexión en el plano físico, sino también en el plano de la energía, utilizando como medio el éter o la realidad no localizada. ¿Podría ser éste el impulso en que se basa la capacidad de hablar en lenguas? ¿Será que cuando escuchamos con el corazón podemos entendernos con nuestro interlocutor sin necesidad de palabras? ¿Será ésta la fuerza en que se inspira la comunicación telepática?

En su libro *Emissary of Love [Emisario de amor],*[3] James Twyman pone en entredicho las supuestas aptitudes psíquicas altamente desarrolladas de algunos de los niños del quinto mundo (también conocidos como "niños de cristal"). Todos ellos nos dicen que estos dones no son más que subproductos del poder del amor. Ellos y otros nos recuerdan que, cuando no tenemos necesidad de secretos, y la vergüenza se ha trasmutado en amor, también nosotros lograremos la comunicación instantánea, no sólo unos con otros, sino también de un lado a otro del universo, donde no existen ni el tiempo ni el espacio.

Una vez que entendamos que a través del corazón es que podemos comunicarnos con cualquier lugar del mundo, entenderemos cómo enviar pensamientos sanadores que puedan alcanzar a un ser querido a miles de millas de distancia. Al mismo tiempo, resulta claro que a través del corazón de cada uno de nosotros es que podemos conectarnos con el corazón universal y conocer la parte que nos corresponde en el gran designio. De hecho, dondequiera que haya un toroide, hay una conexión instantánea con el pulso unificado de la fuente, la Gran Madre. Ahora tenemos claro que en nuestro mundo hay muchos ejemplos de toroides y todos tenemos la capacidad de comunicarnos directamente con otros:

- **El átomo:** el movimiento de las partículas que componen el átomo es toroideo.
- **El ADN:** Ahora sabemos que el helicoide doble funciona como toroide, transformando energía e información en ADN y extrayéndolas de éste.
- **Los chakras:** El centro del toro geométrico es un vórtice que conecta elementos parecidos a trompetas arremolinadas que irradian desde la parte delantera y trasera del chakra. Esta misma forma podría describirse como un cáliz con dos aperturas a través de las cuales fluye la energía hacia dentro y hacia afuera. ¿Será éste el origen del Santo Grial y la fuente del fuego perpetuo o eterno?
- **El campo electromagnético del cuerpo:** La energía entra y sale de los chakras de la corona y de la base, y la columna vertebral es el eje central.
- **El árbol de la vida:** Las raíces y las ramas existen en extremos opuestos del eje.

- **La Tierra:** Sus cinturones de Van Allen están formados por partículas atrapadas en un campo magnético y cargadas de una gran energía, alineadas con el eje norte-sur.
- **Los sitios sagrados y los círculos en cultivos:** Los sitios megalíticos como Avebury en el sur de Inglaterra se construían rodeados de un foso. Esta construcción tubular y el contorno en espiral creado por las piedras forman un toroide diseñado para concentrar y transformar la energía arquetípica que entra en el sitio durante eventos astronómicos específicos. Esta energía luego se envía a través del sistema de cuadrículas de la Tierra para que produzca un efecto en la conciencia de la gente.
- **El arcoiris:** El arcoiris mezcla siete frecuencias lumínicas distintas dentro de un arco, el símbolo de la Virgen. Este toroide natural, en cuyo extremo se dice que hay una olla mágica de oro, nos hace recordar nuestra conexión perpetua y eterna con la fuente y la danza natural entre el agua de la Gran Madre y el fuego de la mente focalizada.
- **El Sol:** Su campo de energía es toroideo.
- **El centro de la galaxia:** El centro de la galaxia es un agujero negro en forma de toroide.
- **El centro del universo:** Hipotéticamente similar al centro de la galaxia.
- **Cada corazón humano:** Nuestros corazones se conectan entre sí incluso cuando no lo hacen nuestras mentes.

¿Se da cuenta de la comunicación que está teniendo lugar ahora mismo entre su corazón, las células y el centro de la galaxia, todos los cuales están programados por la misma visión holográfica de unicidad? Por eso es que la dicha es la única emoción humana que produce la misma forma de onda en cualquier lugar del mundo que se mida. La dicha nos enlaza como especie, extiende nuestros horizontes más allá del plano físico y nos permite abrirnos pasos hasta el corazón de la Gran Madre y a su abundante océano de posibilidades.

Nunca sabremos si los romanos entendían que su fuego, vigilado por las vestales, reflejaba un importante diseño geométrico de transformación. Lo que sí está claro es que los gobernantes de aquel gran imperio creían efectivamente que existía una relación entre el fuego perpetuo y la fuente eterna de prosperidad duradera y poder indiscutible. En este momento, esos dones están a nuestro alcance siempre que sigamos los mensajes del toro geométrico y del corazón:

No emitas juicios.
Ten compasión.
Sé tu yo auténtico.
Vive en el presente.

LA VARA DEL MAGO

Conocido como el portador de agua, el signo astrológico de Acuario es en realidad un signo de aire, que representa la destilación final de la luz de la conciencia a partir de la transformación que tiene lugar en el corazón. En este caso, el mago ha esperado pacientemente mientras que, a través de la activación ascendente y descendente de los chakras, aumentamos el poder dentro de cada hebra de su vara:

- El ida, por el que se vierte la energía para crear materia. Esto representa el sendero ascendente entre la base y la corona, la creación del ego, el dominio de los cuatro elementos y el viaje del héroe de puer a rey.
- El pingala, por el que pasamos para disolver la forma y volver a convertirla en espíritu. Esto representa el sendero descendente entre la corona y la base y el viaje del amante y el sabio que pasan al inframundo para poder recordar e integrar.
- El sushumna, la unión del ida y el pingala y el canal para la destilación del espíritu puro, el elíxir de la vida. Esto representa el

surgimiento del mago, que puede manipular las energías multidimensionales con sólo un movimiento de su vara.

Las energías del pingala, que se destilan desde el corazón, se elevan y son recogidas en el ajna, o tercer ojo. Allí se encuentran con las energías que se forman en el momento de la coronación del rey, el ida. Quedan así frente a frente la cabeza de la serpiente manifestada y la de la serpiente espiritualizada, con lo que crean las dos alas del ajna y forman el signo de la infinitud.

El signo de la infinitud

♒ ACUARIO

Cualidad: fija; conciencia de grupo
Alquimia: destilación y coagulación
Polaridad: masculina; el mago
Fase de la Luna Menguante: destilar y transformar

A través de esta unión es que se eleva el Djed, se reduce el Ba para crear la liberación del amrita, se ilumina el Ka y se alcanza la unicidad de la inmortalidad. Al quedar a horcajadas entre los dos mundos, es hora de recordar que somos eternos y que probablemente todos estábamos en este planeta hace 26.000 años, durante el último gran cambio. Cada uno de nosotros es inimitable; cada uno lleva una parte específica del rompecabezas. Es hora de que pongamos las últimas piezas en nuestro propio rompecabezas personal para que viajemos juntos por el agujero de gusano al corazón de la Gran Madre y más allá.

¡Qué maravilloso es vivir en un momento como éste!

11
LA TABLA DE ESMERALDA

A fin de completar esta exploración de la inmortalidad en la que una parte tan importante del proceso es alquímica, es conveniente estudiar la Tabla de Esmeralda, es decir, el tratado que recoge esta ciencia de los místicos. Esto dice sobre el tema el Conde de Saint Germain, maestro alquimista nacido alrededor de 1560 d.C.:

> El significado interno de alquimia es simplemente "composición total", lo que implica la relación entre la totalidad de la creación y sus partes componentes. De esta forma la alquimia trata sobre el poder consciente que controla las mutaciones y transmutaciones dentro de la materia y la energía, y de la vida misma. Es la ciencia del místico y es el punto fuerte del hombre autorrealizado que, habiendo buscado, ha descubierto que es uno con Dios y está deseoso de desempeñar su papel.[1]

El Conde de Saint Germain decía que el dominio del yo era la clave de este Gran Arte en el que el alquimista, por medio de sus acciones podía determinar el diseño de la creación de su propia vida y de este modo hacer realidad su destino. Como se mencionó antes y conviene repetir aquí, Saint Germain advirtió a todo alquimista en ciernes que estuviera al tanto de que el autoengaño y la racionalización son dos de los desafíos más importantes que se deben enfrentar.

Desde hace miles de años, los alquimistas han considerado que la Tabla de Esmeralda es como su biblia. Es un objeto antiguo del que se dice que contiene una avanzada tecnología espiritual que describe los pasos necesarios para lograr la transformación personal y la evolución acelerada de la especie. La Tabla de Esmeralda abarca al mismo tiempo todos los niveles —mente, cuerpo y espíritu— y sus enseñanzas han constituido una amenaza para muchos que desean mantener su dominio sobre las masas, manteniendo al pueblo reprimido tanto por la Iglesia como por el Estado.

Sin embargo, sucede que su mensaje trasciende las mentes pequeñas de los hombres y, con el paso del tiempo, su esencia se ha enriquecido, ha sido traducida y reverenciada, llevando a sus lectores a niveles de conciencia cada vez más amplios. Según sus descripciones, estaría moldeada a partir de una pieza única de cristal verde. Ha atraído la atención y la imaginación de muchos eruditos, escritores y científicos, incluidos Sir Isaac Newton y Carl Jung. Es vista como la fuente original de la sabiduría hermética y la filosofía de la alquimia.

El paradero actual de la Tabla de Esmeralda es un misterio, aunque algunos dicen que en su momento será hallada debajo de la Gran Pirámide de Giza o en sus cercanías. Muchas de sus enseñanzas están estrechamente vinculadas con las que se encuentran en el budismo, el taoísmo y el hinduismo, y son la base de filosofías esenciales del islamismo, el judaísmo y el cristianismo.[2] Durante setecientos años ha servido de inspiración a la mayoría de los alquimistas de cualquier procedencia, incluidos los francmasones y los rosacruces, aunque sus orígenes son un tanto oscuros. Suele atribuirse a un autor conocido como Hermes Trismegisto. Pero, ¿quién era él?

HERMES TRISMEGISTO

Su apellido significa "el tres veces grande", lo que, a nuestro entender sería un reconocimiento de que encarnó en tres ocasiones.

Tot: El primer Hermes

El primer Hermes tiene antecedentes muy complicados, en los que se combinan la historia, la mitología y el misticismo. Según el erudito francés del siglo XIX Artaud: "Tot, el Hermes griego, era el símbolo de la Mente Divina, el Pensamiento encarnado, la Palabra Viva, el Logos de Platón y la Palabra de los Cristianos".[3]

Conocido como el equivalente masculino de Ma'at, la viga central entre las columnas de Jachin y Boaz, ha sido descrito como un sacerdote-rey atlante inmortal que gobernaba una antigua colonia en Egipto entre los años 50.000 y 36.000 a.C. Según el investigador M. Doreal, antes de que Tot abandonara esta Tierra, hizo construir la Gran Pirámide de Giza y guardó secretamente dentro de su estructura artefactos antiguos, textos, registros e instrumentos de la Atlántida.[4] En un inicio, se habían formado doce tablas verdes esmeralda a partir de una sustancia creada por medio de la trasmutación alquímica, lo que las hacía imperecederas e inalterables. Su superficie estaba grabada con caracteres en un antiguo idioma de los atlantes, que reaccionaban ante ondas de pensamiento afinadas y registraban la vibración adecuada directamente en la mente del lector. Al parecer, las tablas estaban

Tot, el enjuiciador

unidas con aros de aleación de oro-cobre y estaban suspendidas de una vara del mismo material.

Debajo de la pirámide, Tot hizo construir los grandes salones de Amenti, que representaban el inframundo, por donde pasan todas las almas después de la muerte para recibir el juicio y donde el espíritu de Tot espera entre una encarnación y otra.

Según lo que ha llegado hasta nosotros, resulta difícil saber si el primer Hermes, Tot, fue alguna vez completamente humano, aunque se cree que en él las múltiples tablas se combinaban en un solo texto, conocido por los ocultistas modernos como la Tabla de Esmeralda. Esta deidad egipcia gozó de popularidad de 2760 a 2205 a.C. y era visto como dios de la magia; inventor de la escritura (de los jeroglíficos en particular); maestro de lógica y oratoria; fundador de las matemáticas, las ciencias y la medicina y, en esencia, representante de la Mente Única.[5]

En su otra función, era conocido como revelador de lo oculto, señor del renacimiento y gran medidor o enjuiciador del universo. Como tal, se le concedió autoridad para que juzgara a los muertos en el salón de Ma'at. Allí, sopesaba el corazón de cada persona y determinaba hasta qué punto ésta había seguido con sus palabras y acciones la intención más profunda.

En el arte, Tot es representado como dios de la Luna. Su cabeza con pico de ibis simboliza la luna creciente o el corazón. También ha sido representado como babuino, un animal nocturno que saluda al Sol a su regreso en la mañana del mismo modo que la Luna da la bienvenida al Sol.

Akenaton: El segundo Hermes

El faraón Akenaton, conocido también como Amenhotep IV, gobernó de 1364 a 1347 a.C., y estableció una religión monoteísta que no fue del gusto de los sacerdotes que disfrutaban del poder adquirido mediante la veneración de muchas deidades. Se cree que Akenaton encontró la Tabla de Esmeralda al inicio de su reinado y propugnó el concepto de vivir en la verdad, un ideal universal relacionado con la voluntad original de la

Akenaton con el disco solar

Mente Única y la expresión física de la Cosa Única, vista como el Sol físico o el disco solar cuyos rayos alcanzan a toda la humanidad.[6]

Casado con la hermosa Nefertiti, él también era bello y algunos incluso llegan a decir que parecía extraterrestre. Después de diecisiete años de reinado, período en el que se revocaron muchas de las prácticas corruptas del pasado, su esposa y él desaparecieron y nunca se hallaron sus cuerpos. Ocupó su lugar el faraón niño Tutankamón, y el poder volvió a caer rápidamente en manos de los sacerdotes, aunque la supremacía egipcia nunca volvió a ser lo mismo.

Como se ha indicado en un capítulo anterior, si Moisés y Akenaton eran la misma persona, quizás entonces Akenaton no murió sino que llevó su mensaje y su legado más allá de Egipto, hacia la Tierra Prometida.

Balinas (también conocido como Apolonio de Tiana): El tercer Hermes

La Tabla de Esmeralda vuelve a resurgir en 332 a.C., cuando es hallada por Alejandro Magno en un templo en Siwa, después de su victoria en Egipto. De inmediato, Alejandro Magno hizo traducir el texto al griego y se valió de su conocimiento para adquirir más poder, éxito y fortuna. Escondió la tabla para resguardarla y murió durante un viaje a la India. La tabla fue hallada tres siglos después por un joven llamado Balinas, nacido en 16 d.C. en el territorio de la actual Turquía.[7]

Mediante la comprensión e integración de las enseñanzas de la tabla, Balinas llegó a ser un gran místico con facultades de sabiduría y magia, especialmente en el campo de la sanación. Desafortunadamente, los seguidores del cristianismo sintieron celos de sus poderes y, para 400 d.C. muchos de sus libros y templos habían sido destruidos. No obstante, sus escritos no se habían perdido por completo; en 650 d.C. apareció en árabe *The Book of Balinas the Wise on Causes* [*El libro de Balinas el Sabio sobre las causas*].

TRANSFORMACIÓN ALQUÍMICA

Lo que sigue es una traducción moderna de las enseñanzas codificadas de la Tabla de Esmeralda. En esencia, esta parte de la tabla presenta un resumen sobre cómo producir la piedra filosofal o el elíxir de la vida, también conocido como ambrosía de los dioses, con el que se dice que era posible lograr no solamente la transformación espiritual sino la inmortalidad. Una vez comenzado el proceso, cada fase se vincula con uno o más elementos, chakras o símbolos. Después de toda la cita traducida, he desglosado sus elementos y he incluido mis comentarios sobre su significado.

> En verdad, sin engaño, con seguridad y en la forma más veraz.
>
> Lo que está Abajo se corresponde con lo que está Arriba y
> lo que está Arriba se corresponde con lo que está Abajo
> para realizar los milagros de la Cosa Única.
> Y al igual que todas las cosas proceden de esta Cosa Única,

por la meditación de la Mente Única,
así todas las cosas creadas se originan en esta Cosa Única, por medio de la transformación.

Su padre es el Sol; su madre la Luna.
El Viento lo lleva en su vientre, su niñera es la Tierra.
Es el origen de Todo, la consagración del Universo;
su inherente fuerza está perfeccionada, si se convierte en Tierra.

Separa la Tierra del Fuego, lo Sutil de lo Ordinario,
dulcemente y con gran ingenio.
Se eleva de la Tierra al Cielo y desciende de nuevo a la Tierra, combinando dentro de Sí los poderes tanto de Arriba como de Abajo.

Así obtendrás la Gloria del Universo Total.
Toda Oscuridad se te aclarará.
Ésta es la Fuerza más grande de todos los poderes, porque vence a cada cosa Sutil y penetra en cada cosa Sólida.

De esta forma se creó el Universo.
De aquí proceden muchas aplicaciones maravillosas, porque éste es el Patrón.
Por eso me llaman Hermes el Tres Veces Grande, porque tengo las tres partes de la Sabiduría de Todo el Universo. Aquí ha quedado completamente explicada la Operación del Sol.[8]

En verdad, sin engaño, con seguridad y en la forma más veraz,
más libre de dogmas, sin ego, centrada y más intuitiva.

Estas pocas palabras crean las condiciones para tener una experiencia profunda y su estudio es, por sí mismo, un trabajo de toda una vida. Afirman que el proceso de transformación alquímica sólo puede ocurrir cuando aprendemos a:

- Dominar (no suprimir) nuestras emociones y energías.
- Tener un nivel de confianza en uno mismo que hace innecesario juzgar a otros por temor a que expongan una parte de nosotros que está oculta en las sombras debido a la vergüenza o el miedo.
- Prescindir de la necesidad de juzgar o ser parciales para protegernos.
- Partir de una actitud de discernimiento, distanciada del resultado.
- Pensar, actuar y hablar desde nuestro núcleo central, donde la cabeza y el corazón están alineados.
- Guiarnos por la intuición, motivados no por el miedo, sino por el amor.

> Lo que está Abajo se corresponde con lo que está Arriba y
> lo que está Arriba se corresponde con lo que está Abajo
> para realizar los milagros de la Cosa Única.
> Y al igual que todas las cosas proceden de esta Cosa
> Única,
> por la meditación de la Mente Única,
> así todas las cosas creadas se originan en esta Cosa
> Única, por medio de la transformación.

Esta parte nos hace recordar que la vida es cíclica, sin verdadero comienzo ni fin y que, sin ese continuo, la alquimia no puede funcionar. Nos permite además entender que tanto el espíritu como la materia, lo que está arriba y lo que está abajo, exigen la misma reverencia, pues intercambien energía constantemente. Por último, confirma que, cuando la Mente Única, nuestra atención, se centra claramente en la Cosa Única, nuestra imaginación, ocurren milagros.

> Su padre es el Sol; su madre la Luna.
> El Viento lo lleva en su vientre, su niñera es la
> Tierra.
> Es el origen de Todo, la consagración del Universo;
> su inherente fuerza está perfeccionada, si se convierte
> en Tierra.

Una vez creadas las condiciones, se describe en detalle el proceso, empezando por los cuatro elementos considerados la "Prima Materia" para los alquimistas.

Fuego: inspiración, varas mágicas, garrotes; calcinación
Agua: sentimientos y emociones, cálices, corazones; disolución
Aire: pensamiento, espadas y picas; separación
Tierra: sensación, pentáculos, diamantes; conjunción

> Su padre es el Sol. . .

Esta fase de calcinación relacionada con el fuego representa la profundización de la autorrealización y un nuevo comienzo en el viaje del héroe. Debido al carácter cíclico de la existencia, cada uno de nosotros experimenta esto a un nivel distinto, según el cual algunos lo reconocen como el momento de apartarse de las creencias y dogmas ancestrales como primer paso para abandonar el "hogar" y otros reconocen la necesidad de deshacerse de sus creencias ilusas sobre la realidad y reordenarse más profundamente con su intención espiritual.

En esencia, una pregunta es igual a la otra: ¿Quien conduce el autobús? ¿Quien dirige el espectáculo? ¿Quién focaliza la atención?

Según el texto, el Sol representa nuestra percepción consciente como reflejo de la Mente Única y nos pide que permitamos que su calor queme (o calcine) toda creencia que no esté alineada con la verdad más profunda del alma. Al centrar nuestra atención en los conceptos imprecisos pero influyentes que nos ocupan la mente, a menudo afloran el miedo, las excusas y la ira como un intento de defender lo que preferiríamos que se mantuviera oculto.

Esta puede ser una fase difícil en nuestras vidas, especialmente cuando hemos dedicado tanta energía al mundo exterior para luego verla agotarse bajo el resplandor del Sol. Esto puede tener distintas manifestaciones, como la pérdida de alguna posesión, el fracaso de un amor, la depresión o la pérdida de la autoestima. Mientras mayor sea nuestra atadura al pasado, mayor será la cantidad de ira y frustración que expresamos hacia una autoridad externa que parece decidida a arruinar nuestras vidas, hasta que aprendemos a usar ese mismo fuego para avivar la pasión de nuestra alma.

Símbolo: las aves negras y los fuegos
Chakra: de base, asociado con la seguridad y la estabilidad

. . . su madre la Luna

Ahora las cenizas de la calcinación están dispersas sobre las aguas de las partes inconscientes, irracionales y caóticas de nuestra mente. Esta disolución, limpieza y bautismo hacen que se descomponga cualquier concepto artificial de la psiquis, hasta que se libera la energía que ha estado atrapada por una falsa separación entre la vida exterior y la interior, entre la personalidad y el alma. Aquellos que han gozado de una buena defensa tal vez encuentren aterradora esta fase, pues la presencia del alma exige que renunciemos al control, rompamos los hábitos poco sanos, permitamos que los sentimientos fluyan y aceptemos la incomodidad de no saber.

Si no nos sometemos de buen grado, nuestra alma creará el mismo resultado mediante una enfermedad o una crisis, para que las expectativas y planes a largo plazo basados en el ego queden disueltos instantáneamente. En un inicio, afloran a la superficie todo tipo de miedos, heridas y dolores que podrían disuadir al héroe de seguir avanzando. Pero estas energías descarnadas son sólo una parte de las múltiples emociones y sentimientos que ahora están a nuestra disposición al desviar nuestra atención del paisaje reseco al océano de posibilidades que espera dentro de nuestra propia imaginación.

Al calmarse las emociones, puede surgir un estado de euforia; podríamos encontrarnos flotando en nuestro propio inconsciente sin los temores que durante tanto tiempo nos han atrapado. Sin embargo, en esta fase también es importante no perderse en las falsas ilusiones, creyendo que este estado es ya la tan deseada unión con la Divinidad. El hecho de disolverse y llegar a la Gran Madre, la Cosa Única, no es un fin, sino la oportunidad de reivindicar el poder y el potencial que verdaderamente están a disposición de todos nosotros.

Símbolo: las aves negras, el agua, los espejos y las lágrimas
Chakra: sacro, asociado con las relaciones y la conexión.

El Viento lo lleva en su vientre. . .

Al pasar a esta fase, es hora de separar, reivindicar e integrar los sueños y revelaciones doradas de nuestra alma que salieron a la superficie durante la disolución, pero que han quedado enterradas durante demasiado tiempo debido a nuestra lealtad a "ídolos falsos" vinculados con la vergüenza y el miedo. Este aire fresco vigorizante nos insta a prestar atención a nuestra intuición y aplicar buenos filtros, seleccionar creencias que nos proporcionan sustento al alma y renunciar a las que nos esclavizan con una alianza carente de amor a los dogmas familiares, culturales y sociales.

Al cabo de un tiempo, nos sentimos menos agobiados y cada vez con mayor seguridad en nosotros mismos, como si se nos hubieran dado alas para volar. También encontramos que nuestra capacidad de ser objetivos y tener una visión clara se fortalece y nos ayuda a evitar las trampas e ilusiones que tratan de hacernos volver a nuestros viejos patrones. Ahora estamos listos para crear una nueva realidad basada en la riqueza de nuestra alma.

Símbolo: las aves negras, el aire y las espadas
Chakra: el plexo solar, asociado con la seguridad en sí mismo

. . . su niñera es la Tierra

La Tierra es el recipiente para plantar, sustentar y hacer florecer nuestros sueños a medida que, desde el núcleo de nuestra esencia interior, nos comprometemos con la verdad viviente. Es un momento de conjunción, o del "sagrado matrimonio de los opuestos", frase que fue acuñada por Jung. Es un momento en que el espíritu y el alma se encuentran y producen a una frágil criatura llamada piedra menor. Esta criatura es el rey que conocimos en capítulos anteriores. Aunque su coronación a menudo es percibida falsamente como el fin de la travesía, representa simplemente la creación de un vehículo para la labor más profunda que aún queda por venir.

Es común que esta fase esté marcada por un aumento en la percepción psíquica y que venga acompañada de sincronías a medida que nos reconectamos con la imagen multidimensional de conjunto. Es también una fase en la que muchos optan por detenerse porque están felices con sus éxitos espirituales y aún no están dispuestos a descender a encontrarse con sus demonios, pues la fase siguiente requiere la disposición a practicar la autorreflexión, realizar el autoexamen y proceder a la desintegración ulterior del yo menor en favor del yo mayor.

Sin embargo, en la realidad, no es sabio tratar de evitar el llamamiento de la Diosa Oscura, pues tarde o temprano ella exigirá su atención y el llamamiento puede llegar de una forma más repentina y dramática de lo que uno quisiera.

Símbolo: el gallo joven, los amantes, las bodas
Chakra: el corazón personal, asociado con la aceptación de la dualidad

Separa la Tierra del Fuego, lo Sutil de lo Ordinario,
dulcemente y con gran ingenio.

Esta fase, que es de putrefacción y fermentación a través del fuego, es el punto de giro en el Gran Arte. Comúnmente, nos envuelve en una noche oscura del alma, cuando decidimos ir hacia dentro y descender para encontrarnos con la Diosa Oscura y nuestros propios demonios personales. En algún momento entramos en su caldera, o sea, la vasija utilizada en los procesos de putrefacción y fermentación, y encontramos que nos estamos cociendo en nuestros propios jugos creativos. A medida que la Diosa Oscura revuelve la cacerola, la carne de nuestros relatos, que contiene tantos nutrientes como materia de desecho, se cocina y comienza a disolverse, revelando los huesos de la verdad.

A medida que se vaya descomponiendo un volumen mayor de parloteo mental, estiércol emocional y percepciones ilusorias, el proceso de fermentación hace que afloren todas nuestras subpersonalidades, que exigen aceptación e integración. A medida que cada una de ellas sale de las sombras y llega a la luz, experimentamos la fuerza y la libertad que anteriormente nos hubieran podido parecer inalcanzables.

Para el alquimista, el signo de que la putrefacción está llegando su fin es la aparición de un líquido blanco lechoso sobre la superficie del material putrefacto, pues esto representa desde el punto de vista esotérico la luz blanca de la resurrección, que demuestra que la conciencia ha sobrevivido a la "muerte". Simbólicamente, esto se representa con un cisne blanco, que se desliza sobre aguas quietas pero profundas, lo que es un reflejo de que, a pesar de la oscuridad de los tiempos, la luz interior siempre está presente.

La señal de que la fermentación está casi terminada se percibe en la formación de la cola de pavo real (una película de aceite iridiscente que aparece sobre la materia orgánica en putrefacción). Los ojos dibujados sobre las plumas representan los numerosos aspectos del Yo que ahora se han revelado.

En sentido químico, al final de la fermentación, el alquimista ve que se produce un fermento sólido y amarillo que representa las fases finales de la transformación del oro a partir del material de base. Esto se conoce como la Píldora de Oro. Esta sustancia amarilla y cerosa es la encarnación literal del pensamiento y la primera indicación de que estamos produciendo oro. Se forma a partir de la unión de la inspiración de arriba y la imaginación de abajo (la Mente Única y la Cosa Única) y recibe el nombre de fuego secreto. Abre el portal a los reinos superiores y la existencia multidimensional.

Símbolo: fin de la putrefacción, el cisne blanco; fin de la fermentación, la cola del pavo real
Chakras: chakra de la garganta, disposición a entrar en la caldera

Desde el chakra de la garganta viajamos repetidas veces hacia abajo, pasando por el corazón hasta los chakras inferiores, donde nos bañamos en el "caldo" de energía, volviendo a atraer cada aspecto sombrío al corazón transpersonal para que sea aceptado e integrado; la cola del pavo real.

> Se eleva de la Tierra al Cielo y desciende de nuevo a la Tierra, combinando dentro de Sí los poderes tanto de Arriba como de Abajo.

Éste es el momento de transformar cada carácter o subpersonalidad en su energía esencial a través del proceso de destilación. Esto sucede en el corazón, el fuego perpetuo donde la "materia" de nuestras creaciones se espiritualiza.[9] De este modo, la destilación exige que alimentemos al Espíritu con la sabiduría de nuestras propias creaciones. Desde el punto de vista psicológico esto representa la desmaterialización de la psiquis a medida que el individuo sacrifica su naturaleza terrenal, incluidas sus emociones básicas y sus creencias centradas en el ego. Este proceso tiene lugar entre el mundo inferior y el superior hasta que todo el valor se haya extraído y personificado en forma de sabiduría.

Durante ese período es útil fijarnos en:

- Pautas que se repiten en nuestras vidas y que nos ofrecen pistas sobre su fuente.

- Reflejos de nosotros en otras personas, que a menudo se revelan en forma de reacción emocional.
- El deseo de defendernos o juzgar a los que se acercan demasiado a la verdad de quiénes somos.
- Historias que nos contamos a nosotros mismos, que resultan irracionalmente racionales.

En el plano psicológico, encontramos que nos estamos moviendo entre los aspectos sutil y ordinario de nuestra personalidad hasta que encontramos la paz y el bienestar. Al mismo tiempo, a medida que integramos la esencia en nuestro propio cuerpo luminoso, o Ka, empezamos a crear un campo magnético resplandeciente que contribuye a atraer a personas y sucesos que mantienen nuestro estado de armonía.

Símbolo: la destilación representada por el pelícano, que alimenta a sus críos con su propia sangre —nuestra capacidad de personificar la conciencia de nuestras experiencias
Chakras: el corazón y el ajna

Así obtendrás la Gloria del Universo Total.
Toda Oscuridad se te aclarará.
Ésta es la Fuerza más grande de todos los poderes,
porque vence a cada cosa Sutil y penetra en cada cosa Sólida.

La coagulación ocurre cuando la esencia destilada se eleva hasta encontrarse con el yo esencial o Ba, y entonces tiene lugar el segundo matrimonio sagrado, que da sentido a la frase: Soy el que soy. Una vez que hemos llegado a esta etapa, conocemos la libertad del espíritu que puede moverse fácilmente entre las distintas dimensiones. Para el alquimista, este estado de conciencia con movilidad es la piedra filosofal, la que también sabemos que es el elíxir de la vida.

Símbolo: el Fénix
Chakras: el ajna y el chakra de la corona

> De esta forma se creó el Universo.
> De aquí proceden muchas aplicaciones maravillosas,
> porque éste es el Patrón.

Este patrón está a disposición de todos.

> Por eso me llaman Hermes el Tres Veces Grande, porque tengo las tres partes de la Sabiduría de Todo el Universo. Aquí ha quedado completamente explicada la Operación del Sol.

Esto explica las fuerzas principales que son esenciales para el proceso de la alquimia y la iluminación y que están simbolizadas en la Trinidad. El mismo mensaje se refleja en otras trinidades, como la interrelación entre las columnas de Jachin y Boaz, enlazadas por la viga central Ma'at, y la relación de la Virgen y la Arpía con la energía básica y central de la Madre. Por medio de una sana relación entre los dos elementos externos es que la viga central accede constantemente a alimentar y sustentar su existencia. Uno genera a los dos y, a través de su matrimonio sagrado de opuestos, se satisfacen eternamente las necesidades del primero.

Espíritu	Niño	*Alma*
Espíritu	Mental	*Materia*
Sol	Luna	*Tierra*
Azufre	Mercurio	*Sal*

12

LAS FASES DE LUNACIÓN Y LOS NODOS DE LA LUNA

El renombrado astrólogo Dane Rudhyar fue el primero en examinar las fases de lunación y se percató de que la fase de la Luna durante la que ha nacido cada persona es un indicador preciso de nuestro tipo esencial de personalidad y de nuestro propósito en la vida. Llegó a esta conclusión a través de un minucioso estudio de la interacción entre la conciencia exterior solar y la naturaleza instintiva de la conciencia lunar.[1]

De esto se desprende naturalmente que, cuando la Luna transita por su posición natal, nos volvemos sumamente sensibles a nuestro propósito y probablemente estemos más concentrados en este momento que en cualquier otro momento del mes. También es un momento en el que surgen desafíos específicos vinculados con nuestra fase particular del ciclo creativo, lo que nos da la oportunidad de superarlos en la forma más propicia posible.

En los años 50, el psiquiatra checo Eugene Jonas descubrió además que no es raro que la mujer alcance su mayor nivel de fertilidad durante la fase de lunación de su carta natal, lo que suele hacerla experimentar la ovulación espontánea. Esto explica por qué algunas mujeres a veces quedan embarazadas fuera de su punto medio menstrual, factor importante que debe tenerse en cuenta en lo que respecta a la infertilidad y los métodos naturales de anticoncepción.[2]

¿EN QUÉ FASE NACÍ?

Para calcular su propia fase de lunación, identifique su signo y grado del Sol y la Luna dentro de su carta natal. Usemos como ejemplo la siguiente configuración: el Sol a 6 grados en Virgo y la Luna a 4 grados en Cáncer.

Comenzando con el Sol, avancemos por la carta astrológica en sentido contrario a las manecillas del reloj, contando el número de grados

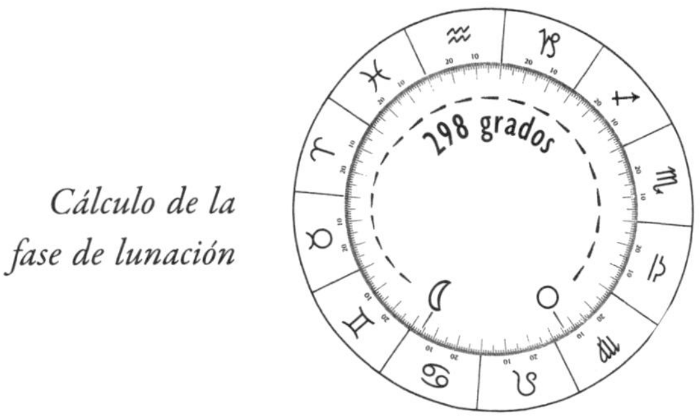

Cálculo de la fase de lunación

Las ocho fases de la Luna

que separan al Sol de la Luna, y teniendo en cuenta que cada signo tiene 30 grados. En este caso, la diferencia en grados es de 298.

Como se indica en el capítulo 2, las fases de la Luna son ocho. Al leer sobre su fase lunar, obtendrá una nueva percepción sobre sus puntos fuertes y sus desafíos y también sobre su importante propósito en la vida.

FASE DE LUNA NUEVA

Momento: hasta 3,5 días después de la luna nueva

Grado: de 0 a 45 grados antes que el Sol

Propósito en la vida: germinar y brotar

Se ha recibido la percepción y se ha plantado la semilla de un idea, pero aún está germinando en la oscuridad.

Esta fase tiene lugar al comienzo de un ciclo de creatividad completamente nuevo. Los nacidos en esta fase de lunación suelen tener una escasa conciencia adquirida del pasado, por lo que funcionan mejor a partir de la espontaneidad y el instinto. Las fuerzas que los impulsan surgen a menudo desde adentro y por eso pueden parecer irracionales a otros, aunque su inocencia y entusiasmo infantil son encantadores e irresistibles.

Como a menudo no tienen una percepción consciente de su propósito y rumbo, aunque confían en sus propios instintos, pueden sentirse desconectados de la tierra. Sería conveniente que estuvieran más presentes, fueran más conscientes de sus cuerpos y dejaran su marca en el mundo sin buscar la aprobación de otros para sentirse seguros.

FASE DE LUNA CRECIENTE (LUNA NUEVA VISIBLE)

Momento: de 3,5 a 7 días después de la luna nueva

Grado: de 45 a 90 grados antes que el Sol

Propósito en la vida: avanzar y focalizar

La planta recién germinada se obliga ahora a ir hacia la luz, desafiada por una fuerza de gravedad opuesta que la conmina a permanecer en la cómoda oscuridad.

Las personas nacidas en esta fase encuentran que, al tratar de expresar su singularidad, surgen creencias y temores limitadores de vidas anteriores y/o de la infancia, lo que produce tensiones que los pueden hacer volver a caer en la relativa comodidad de la insuficiencia y la inercia. Además, serán más susceptibles a la manipulación emocional de otros debido a su autoconciencia escasamente desarrollada. Por eso es necesario que el tallo adquiera un mayor grosor, para poder superar los temores e inseguridades ancestrales y personales.

No obstante, con una concentración determinada, nos resulta emocionante la perspectiva de la novedad, la que no debe perderse cuando surjan contratiempos. Éstos no deben verse como señales para retirarse, sino como herramientas para fortalecer la voluntad. Con el paso del tiempo, se desarrolla la independencia a medida que la identidad de estos individuos comienza a echar raíz.

FASE DE CUARTO CRECIENTE

Momento: de 7 a 10,5 días después de la luna nueva

Grado: de 90 a 135 grados antes que el Sol

Propósito en la vida: construir y decidir

Ahora surge una fuerte determinación a definir objetivos y buscar la autoindividuación.

Al estar la Luna en cuadratura con el Sol, la tensión aumenta y conmina insistentemente a los nacidos dentro de esta fase de lunación a optar por seguir el sendero de su propia alma y construir estructuras que sustenten y protejan su crecimiento. Se encontrarán muchos desafíos a medida que se presentan los antiguos patrones, los que se deberán eliminar de una vez por todas. No obstante, para hacer esto, deberán hacer elecciones y tomar decisiones a partir de un punto de vista claro y objetivo: desde una perspectiva de héroe, no de víctima.

Es común que las personas nacidas en esta fase encuentren que el crecimiento espiritual ocurre a través del drama, el conflicto y el estrés. Es posible incluso que atraigan a sus vidas los problemas de otras personas o que se encuentren trabajando en situaciones de crisis. Son apasionados y encuentran motivación fácilmente en un desafío, pero deben aprender a controlar hábilmente el estrés mediante la sabia adopción de decisiones y el proceder constructivo en lugar de contribuir al caos.

A medida que aprenden a controlar sus propias energías y necesidades, van alcanzando una sana materialización de sus sueños e ideas.

FASE DE LUNA GIBADA

Momento: de 10,5 a 14 días después de la luna nueva

Grado: de 135 a 180 grados antes que el Sol

Propósito en la vida: mejorar y perfeccionar

A medida que la Luna se aleja del Sol, aumenta la autorrealización. Hay un impulso a evaluar y refinar la situación para producir la flor perfecta.

Los nacidos dentro de esta fase de lunación tienen un gran potencial de éxito, pero tal vez estén en desventaja por la falta de confianza en sí mismos y la autocrítica. Estas personas sienten a menudo que nunca son "suficientemente buenos" y les resulta difícil liberarse de las rígidas visiones que tienen de sí mismos y de otras personas.

Como siempre intentan "hacer bien las cosas", terminan por analizar excesivamente las situaciones en lugar de usar esa misma agudeza de percepción para obtener acceso, refinar y avanzar. Los viejos patrones de resistencia salen a la superficie para ser reconocidos y transformados; la flexibilidad y la objetividad son las claves del éxito. En este punto, la luz es mucho más intensa, lo que puede ser al mismo tiempo una bendición y un motivo de preocupación, pues ahora quedan pocos lugares donde ocultarse y hay más presión para hacer realidad su destino.

FASE DE LUNA LLENA

Momento: de 15 a 18,5 días después de la luna nueva

Grado: de 180 a 225 grados antes que el Sol

Propósito en la vida: la integración consciente y el éxito

Ahora el Sol y la Luna está en oposición; el Sol representa la conciencia externa expresada y la Luna es la naturaleza instintiva.

Las personas nacidas durante esta fase perciben rápidamente la importancia de los dos polos de existencia —el alma y la personalidad (el mundo exterior y el interior)— y que el éxito se alcanza cuando ambos son reconocidos y respetados. Sin la aceptación consciente de ambos, surgen conflictos que hacen que ninguno de los dos aspectos se haga realidad. Juntos, pueden alcanzar un gran éxito; separados, no será más que sombras.

En el caso de estas personas, se aplica esa misma dinámica en las relaciones: externamente, buscan la pareja perfecta o el compañero del alma que le dé sentido a sus vidas. Si ese compañero no aparece, concentrarán su atención en un gurú, maestro o grupo para sentirse completos. Es de esperar que al final vean la luz y se den cuenta de que el matrimonio sagrado que buscan no se encuentra en otra persona sino que requiere la síntesis de sus propias polaridades internas, en especial las existentes entre pensamiento y acción, espíritu y materia.

Cuando aceptan e integran conscientemente sus polaridades, su intención queda plasmada en la realidad y sus vidas se vuelven plenas.

FASE DE LUNA GIBADA MENGUANTE

Momento: de 3,5 a 7 días después de la luna llena

Grado: de 225 a 270 grados antes que el Sol

Propósito en la vida: distribuir y transmitir

Después de estar en su propia luz y saber lo que es estar completamente vivos, la Luna vuelve al Sol.

Para los nacidos en esta fase, este es un momento no sólo de disfrutar los frutos de sus esfuerzos, sino también de ofrecer a otros las revelaciones que han obtenido. Es una vida en la que corresponde enseñar y compartir la sabiduría derivada de la experiencia, sin olvidar que el mejor maestro es la expresión personificada. Es esencial que los que se encuentren en esta posición actúen conforme a su filosofía. Si no lo hacen, su mensaje es vacío y sus palabras carecen de significado, lo que hace que el mensajero quede descontento y sin público. En momentos como éste, es necesario reagruparse, reconectarse con el maestro interior y preguntar: ¿Creo en mi propio mensaje? Otro problema que puede plantearse es el del fanatismo: la misión de transmitir información se convierte en algo personal, con lo que se pierde la objetividad.

A la postre, estas personas encontrarán la satisfacción que buscan, cuando estén dispuestas a considerar las ideas y pensamientos de otros sobre cuestiones sociales colectivas.

ÚLTIMA FASE LUNAR O FASE DE CUARTO MENGUANTE

Momento: de 7 a 10,5 días después de la luna llena

Grado: de 270 a 315 grados antes que el Sol

Propósito en la vida: revisar y reevaluar

Cuando la Luna vuelve rápidamente hacia el Sol, la luz de la externalización comienza a apagarse y el proceso se vuelve hacia dentro.

Las personas nacidas dentro de esta fase de lunación se encontrarán examinando constantemente sus creencias a la luz de sus experiencias y preguntándose: ¿Qué es verdad? Este escrutinio mental suele desencadenar una crisis en la conciencia, que puede dar lugar a varios sucesos de introspección durante sus vidas. Sus impulsos internos los obligan a desvincularse de sistemas de creencias que resultan redundantes, a pesar de la coerción de otros que se han vuelto dependientes de las formas antiguas y familiares.

Durante este proceso de fermentación, estas personas pueden verse arrastradas a la confusión interna al morir lo viejo sin un sucesor obvio. Son incapaces de compartir con otros por temor a causarles decepción e incitarlos a emitir juicios. Usan máscaras, a menudo sin saber que los cambios profundos que ocurren en sus propios procesos de pensamiento afectarán no sólo sus vidas, sino las de generaciones futuras, llegando mucho más allá de su familia inmediata.

A fin de sobrevivir a esta metamorfosis, es muy importante que no tiren las frutas frescas con las pochas. En lugar de ello, deben valorar lo que han aprendido y refinado a lo largo de varias vidas y recordar que esto se convertirá muy pronto en abono para las futuras semillas de la inspiración.

FASE LUNAR MENGUANTE (LUNA VIEJA)

Momento: 10,5 días después de la luna llena y hasta la luna nueva

Grado: de 315 a 360 grados antes que el Sol

Propósito en la vida: destilar y transformar

La última luz de la luna creciente invertida se desvanece finalmente y se hace la oscuridad cuando la semilla desarrollada que contiene la esencia destilada de la experiencia cae de la planta que la produce y queda en estado latente en la tierra, a la espera de su germinación.

Los nacidos dentro de esta fase de lunación verán sus vidas envueltas en misterio, muerte, facultades de sanación y transformación. Ésta es la fase en que la diosa de la Luna vuelve a unirse con su dios del Sol para gestar el destino de ambos. Para estas personas, el mundo está a horcajadas entre lo viejo y lo nuevo. Se invierte un gran esfuerzo en solucionar cuestiones pendientes, lo que a menudo conduce a relaciones intensas y de corta duración. Desde una etapa muy temprana, se sienten ajenos a sus familiares y coetáneos, incapaces de conectarse con las costumbres del pasado y sin percatarse de la existencia de otras personas que hablan su idioma como pioneros de nuevos ideales.

Su sentido interior del propósito les hace centrar toda su atención en sus visiones proféticas para que sus vidas no sean en vano; a menudo buscan a un estudiante, su hijo y heredero, que lleve adelante sus ideas aunque para ello tengan que hacer algún sacrificio personal.

Ésta es una de las fases de lunación más complejas; representa la culminación del ciclo creativo hasta que una vez más la nueva semilla esté lista para germinar y la luna nueva empiece a formarse.

LOS NODOS DE LA LUNA

A continuación examinaremos los nodos de la Luna en su relación con nosotros como individuos. El nodo sur es como un viejo amigo cuya familiaridad buscamos, especialmente en momentos de estrés. En este nodo encontramos patrones de actitud que son instintivos pero no necesariamente sanos, que entorpecen comúnmente el crecimiento del alma y nos hacen estancarnos en la rutina. Entra en escena entonces el nodo norte, que revela el rumbo que debemos tomar para poder expandir la conciencia y experimentar la realización. Exige que evolucionemos más allá de conductas que pueden resultar adictivas debido a la comodidad que ofrecen.

No debe suponerse que el nodo sur es negativo, sino más bien que sus dones ya están gastados. Como ya hemos dicho: "El hecho de que usted sea bueno en lo que hace no significa que debe seguir haciéndolo". Los dones del nodo norte son distintos. Son tan nuevos, que podríamos verlos simplemente como un sueño, sin reconocer de inmediato que nos pertenecen. Para poder plasmar completamente las cualidades del nodo norte se requiere valor y la convicción de que vale la pena asumir el riesgo.

La mayoría de los astrólogos ven el nodo sur como un indicador de vidas anteriores, comúnmente la más reciente. Es interesante entrar en un estado de meditación y permitirse imaginar la esencia de la vida anterior de uno. Esto ofrece una buena indicación de las creencias y desafíos del nodo sur y lo que debe dejarse atrás en esta vida. Para aumentar nuestra percepción, durante nuestra juventud el alma tratará de acercarla a situaciones y experiencias que reafirmen los mensajes del nodo sur, de modo que podamos usar estas influencias como acicate para seguir adelante. Por supuesto, es posible dormirse ante las exhortaciones del nodo norte y acomodarse en una vida completamente dirigida por el nodo sur.

Pero la presión de estos dos nodos para hacernos avanzar nunca cede. El nodo sur es como el arco y el nodo norte como la flecha, que apunta claramente a lo que podemos llegar a ser. Cuentan con la ayuda de la Virgen y la Arpía; la primera nos sirve como vía intuitiva que nos insta a seguir adelante y la segunda destruye las viejas creencias que nos mantendrían atrapados en patrones kármicos.

Cada 18,6 años (un ciclo de Saros completo), los nodos vuelven a su posición original en nuestra carta natal, aumentando la presión del nodo norte a hacer honor a sus dones. Esto ocurrió definitivamente en mi vida. Cuando tenía 18 años, falleció mi padre, lo que me obligó a prestar atención a mi nodo norte de Capricornio, volverme una persona responsable de mí misma y disciplinada y deshacerme de mi apego a una niñez muy acomodada. A los treinta y ocho años, volví a verme sola después del fracaso de mi primer matrimonio pero, al mismo tiempo, mi primer libro fue publicado y empecé a trazar un nuevo sendero en mi vida profesional.

La siguiente información le proporcionará algunas revelaciones sobre su propio karma. Recuerde que la ubicación de su nodo sur indica su karma pasado y lo que está dejando atrás. El nodo norte representa el propósito de su alma en esta vida y más allá de ella.[3]

NODO NORTE EN ARIES, NODO SUR EN LIBRA

Desarrollar: independencia, autoconciencia, confiar en sus propios impulsos, valor, y disposición a asumir riesgos

Dejar atrás: abnegación; ser demasiado bueno; buscar las opiniones de otros; obsesión con la justicia; codependencia y necesidad de buscar una pareja ideal y dedicada

NODO NORTE EN TAURO, NODO SUR EN ESCORPIO

Desarrollar: lealtad, límites, paciencia, bondad, capacidad de valorar sus propios dones y talentos, capacidad de perdonar y disfrute de los sentidos

Dejar atrás: atracción a situaciones de crisis, impaciencia, asuntos de otras personas, intensidad, carácter sentencioso, reacciones exageradas y dar vueltas a un mismo asunto

NODO NORTE EN GÉMINIS, NODO SUR EN SAGITARIO

Desarrollar: curiosidad, tacto, pensamiento lógico, preguntar lo que piensan otros en lugar de suponer que ya lo sabe, ver ambos lados de la situación, distanciamiento

Dejar atrás: necesidad de tener la razón, impaciencia, pensar que sabe lo que otros están pensando sin escucharlos, espontaneidad negligente, búsqueda de atajos y desasosiego

NODO NORTE EN CÁNCER, NODO SUR EN CAPRICORNIO

Desarrollar: percatarse de los sentimientos y validarlos, empatía, sustento del yo, humildad y permitir a otros la entrada

Dejar atrás: necesidad de controlarlo todo, concentración excesiva las metas, excesiva tendencia a responsabilizarse por otros, pensar que las cosas tienen que ser difíciles y ocultar sentimientos

NODO NORTE EN LEO, NODO SUR EN ACUARIO

Desarrollar: individualidad, disposición a asumir el papel protagónico, seguir los deseos el corazón, tener mayor fuerza de voluntad, disfrutar de la vida y permitir que su niño interior juegue

Dejar atrás: distanciamiento, indiferencia, esperar a que otros digan qué hacer, esperar a saber antes de hacer nada y la perenne necesidad de ser distinto o ser el rebelde

NODO NORTE EN VIRGO, NODO SUR EN PISCIS

Desarrollar: participación, establecer el orden sobre el caos, creación de rutinas, establecimiento de límites, autocontemplación, servicio a otros y disfrute de la belleza

Dejar atrás: condición de víctima, confusión, tendencia a no querer hacer planes, escapismo —especialmente hacia las adicciones y obsesiones, la ensoñación, la falta de confianza en uno mismo y el autoengaño

NODO NORTE EN LIBRA, NODO SUR EN ARIES

Desarrollar: cooperación, diplomacia, conciencia de las necesidades de otros, situaciones provechosas para todas las partes, capacidad de compartir y altruismo

Dejar atrás: carácter impulsivo, autoimposición, imprudencia, egocentrismo y explosiones de ira

NODO NORTE EN ESCORPIO, NODO SUR EN TAURO

Desarrollar: autodisciplina, interés en el cambio y la transformación, eliminación de posesiones inútiles, relaciones profundas, emociones profundas y sensualidad

Dejar atrás: apego excesivo a la comodidad, carácter posesivo, preocupación por cuestiones de propiedad, tozudez y obsesión con los placeres sensuales

NODO NORTE EN SAGITARIO, NODO SUR EN GÉMINIS

Desarrollar: dependencia de la intuición, capacidad de hablar desde una conciencia superior, comunicación directa sin censura, paciencia y confianza en sí mismo

Dejar atrás: dudas en retrospectiva, carácter indeciso, siempre querer más información, decir lo que otros quieren oír, prestarse a los rumores y superficialidad

NODO NORTE EN CAPRICORNIO, NODO SUR EN CÁNCER

Desarrollar: autodisciplina, cuidado propio, respeto propio, lealtad, capacidad de mantenerse orientado hacia los objetivos, basar las acciones en la razón y no en las emociones, dar crédito por los éxitos y tener responsabilidad propia

Dejar atrás: dependencia, carácter voluble, inseguridad que conduce a la inacción, limitación del yo debido al miedo, tendencia a evitar los riesgos personales y a controlar a otros por medio del excesivo rejuego emocional

NODO NORTE EN ACUARIO, NODO SUR EN LEO

Desarrollar: objetividad, deseo de amistad, toma de decisiones en nombre del grupo, disposición a ser no convencional y participación en grupo

Dejar atrás: insistencia en salirse con la suya, obstinación, apego a la necesidad de aprobación, necesidad de ser el centro de la atención y tendencias melodramáticas

NODO NORTE EN PISCIS, NODO SUR EN VIRGO

Desarrollar: enfoque no sentencioso, compasión, mayor concentración en el sendero espiritual, conexión con estados superiores de conciencia y aumento de la creatividad

Dejar atrás: reacciones de ansiedad, análisis excesivo, necesidad de detalles y limpieza, perfeccionismo, inflexibilidad y tendencia a buscar defectos

CONCLUSIÓN

EL CORAZÓN DE LA GRAN MADRE

Espero que haya disfrutado las enseñanzas que he incluido en este libro tanto como yo me he beneficiado de recibirlas y compartirlas con usted. Ahora compartiré además una meditación que experimenté y que resume perfectamente mis sentimientos en relación con la Gran Madre.

La transpiración me corría por la espalda en forma de diminutos ríos mientras permanecía sentada en la oscuridad, en un trance producido por los rítmicos tonos de los tambores. Me encontraba en una cabaña de sudación, o *inipi,* después de una de las ceremonias más sagradas de la tradición aborigen norteamericana. La cabaña era una estructura baja en forma de domo, construida a partir de materiales naturales, y se considera que representa un vientre materno que ofrece nuevos comienzos y revelaciones a los que entran en ella con reverencia y humildad.

Dentro de la inipi reinaba la oscuridad, aparte del resplandor que emanaba de las piedras, conocidas como "abuelos", que habían sido colocadas con gran esmero y atención en el hoyo central. Estos espíritus del reino de las piedras habían sido seleccionados específicamente por el curandero que dirigía nuestra ceremonia, quien respetaba la sabiduría de las piedras y su capacidad de inspirarnos en nuestras oraciones y meditaciones. Al verterse agua sobre ellas, la temperatura aumentaba en la cabaña. Me envolvió instantáneamente el aliento de estos grandes seres y me sentí impulsada a focalizar mi conciencia más profundamente hacia dentro.

Éste era el momento de decir mi oración en voz alta, dejando que el humo y el vapor la elevaran más allá de la inipi hasta Wakan Tankan, el Gran Espíritu. Después de haber expresado mi agradecimiento a los que habían vivido en la Tierra y a los que habían pasado al mundo de los espíritus, llegué a enviar pensamientos amorosos a la gente de las estrellas. Esto me sorprendió porque, aunque respetaba mis conexiones extraterrestres, normalmente no las incluía en mis oraciones.

Estas asociaciones se remontaban a mi primera infancia, cuando un túnel de luz me rozaba levemente la parte superior de la cabeza mientras estaba acostada en mi cuna en la noche. No tuve miedo, sino que más bien presentí la apertura de un portal a un mundo que sabía que estaba más allá de este plano terrestre. Con regocijo, me veía entrar en el túnel y fusionarme inmediatamente con un campo de energía —un viaje que parecía como el regreso a casa. Cuando tuve la edad suficiente para contarle a mi madre sobre estas visitas nocturnas, recibí de ella una sabia respuesta: "No sé qué lugar es ese que visitas pero, si te produce dicha, sigue a tu corazón y encontrarás tu camino". Pasaron muchos años hasta que me encontré con una médium que me ayudó a entender estos viajes por campos de energía: "¿Sabías que vienes de las estrellas?" En ese momento, por primera vez en mi vida sentí que había sido vista, y que mi corazón sabía lo que mi mente había tenido dificultad en entender.

Desde entonces, mi conexión con la gente de las estrellas se ha mantenido constante, sin necesidad de mayores explicaciones. He aquí que yo estaba enviando oraciones hacia otros puntos de la galaxia y me sorprendí al oír decir al curandero poco después: "Hay un espíritu muy antiguo de las estrellas que quiere unirse a esta ceremonia. Le daré la bienvenida con una canción . . . y luego agárrense a sus asientos, pues partiremos en un viaje celestial".

Tras esas palabras, se añadieron más piedras calientes al hoyo, se cerró la puerta y comenzaron las canciones. Me vi de inmediato moviéndome rápidamente hacia el cielo, acompañada por dos delfines, seres a quienes siempre he considerado viajeros interdimensionales. Cuando abandonamos la atmósfera terrestre, miré hacia atrás y me sorprendí al ver una masa vibrante de resplandeciente energía azul que emanaba de la superficie del planeta. No era como las fotos tomadas por astronautas; yo sabía que lo que estaba viendo era el aura energética de Gaia.

Nuestra travesía culminó frente a una larga mesa con nueve sillas. Ocho de éstas se encontraban distribuidas a ambos lados de la mesa, una frente a otra, y la novena silla se encontraba a la cabeza de la mesa. Estaba claro que tenía que sentarme en esa silla y, cuando lo hice, me sentí inundada desde abajo de los pies hasta arriba de la cabeza por toda la energía que venía de los otros ocho lugares hasta que mi cuerpo quedó electrizado. En ese momento supe que había entrado en la novena dimensión, asociada con el centro galáctico y la Gran Madre, y que la había incorporado. Mi corazón estaba en resonancia con el corazón de la Gran Madre, alrededor del cual miles de millones de estrellas y planetas orbitaban en perfecta armonía.

A través de mi corazón, oí una voz que me hablaba:

> Soy el corazón de la Gran Madre, el fuego perpetuo de la galaxia. Tengo forma toroidea y a través de mí es que la conciencia de cada estrella, planeta y forma viviente alcanza su transformación. A través de mí es que la energía esencial del espíritu pasa a ser materia y la materia vuelve luego a transformarse en mi océano de posibilidades ilimitadas. Cada estrella que ves equivale al corazón de una persona, que establece físicamente el pulso o ritmo que deberá seguir cada célula del cuerpo. Si la estrella es el corazón, entonces los planetas representan los órganos y las formas de vida que existen en los planetas son las células.
>
> Es inherente a cada ser humano una frecuencia de onda específica de un sistema estelar en particular, y a menudo portamos esa frecuencia en el color de la piel, el idioma, las canciones, la forma física o una especial conexión con la tierra. Del mismo modo, los reinos de la naturaleza están en resonancia con las estrellas a través de su formas,

colores y, en el caso de las aves, de sus cantos. Desafortunadamente, con el paso del tiempo, la humanidad no sólo se ha desconectado del mundo natural, sino de la señal incorporada que los exhorta a recordar sus orígenes galácticos. Con todo, en una noche clara iluminada por las estrellas, no es raro que nos encontremos mirando al firmamento y preguntándonos por qué ciertas constelaciones parecen atraer nuestra atención.

El gran cambio de conciencia que tiene lugar en este momento en el planeta Tierra no es exclusivo de la raza humana. Esta transformación nos afecta a todos, incluida yo, la Gran Madre. Exige que recordemos e integremos todas las partes de nuestro yo creativo y construyamos el cuerpo luminoso que nos transportará hasta el próximo nivel. Mi corazón está acoplándose con los corazones de las estrellas, mientras que las estrellas exhortan a sus hijos, la humanidad, a que recuerden. Pero debo hacer una aclaración: no basta con creer que uno viene de las estrellas, ni siquiera con saberlo, pues las gemas creativas de sus experiencias vitales son las que alimentarán y sustentarán la conciencia de su Madre celestial. Es esencial que todas las personas empiecen por conectarse con su cuerpo, luego con sus creencias y, por último, con su alma, eliminando la materia superflua hasta que sólo quede pura luz.

De repente, la obra de mi vida tuvo sentido. Como maestra de medicina mental-corporal, siempre animaba a los participantes y clientes a que prestaran atención a la sabiduría inherente del cuerpo y a que reconocieran que el núcleo de cada célula está programado para entrar en resonancia con el corazón. Utilizaba técnicas de diálogo corporal para recordar a mis interlocutores que sus cuerpos les profesan amor, a menudo en mucho mayor grado que el amor que se profesan ellos mismos.

Luego añadí otra dimensión: ayudar a las personas a atraer a su corazón todas las partes del yo que habían quedado separadas debido a la vergüenza, el miedo o las creencias limitantes. Estos complejos psicológicos, que a menudo cobran vida propia y controlan nuestras acciones, podrían datar de hace miles de años, pero ahora estamos escuchando el llamado a casa emitido por el amor de la Madre Galáctica. Todas estas enseñanzas estaban contenidas en el conocimiento de que dentro de cada uno hay una pequeña voz que espera ser escuchada —la intuición que actúa como navegadora del alma.

Sabía que mi tiempo con la Gran Madre estaba llegando a su fin, por lo que hice una última pregunta: "¿Qué consejos nos ofrece ahora que nos estamos acercando al 2012 y más allá?"

Escuché la respuesta a través del corazón:

> Aquieten sus mentes y centren el corazón. Luego, mediante olas de amor, conéctense con los corazones de sus células, órganos y chakras, sin olvidar que en el corazón solamente existe el ahora y la promesa del potencial ilimitado. Por último, extienda su energía hacia las estrellas a través de la incorporación del amor hacia ustedes mismos, hacia el prójimo y hacia la fuente de toda la existencia pues, esencialmente, sólo existe amor y el amor es suficiente.

Con eso, me encontré desplazándome rápidamente una vez más hacia la Tierra hasta que sentí el frío suelo bajo mi cuerpo y quedé envuelta en la oscuridad de la inipi. Los cantos estaban terminando, la ceremonia tocaba a su fin, pero la fase siguiente de mi travesía apenas empezaba. Cuando salimos al aire fresco de la noche, alzamos nuestras miradas y vimos la Vía Láctea serpenteando por el cielo sobre nosotros. Mi corazón se extendió a todos los hijos de las estrellas con la esperanza de que cada uno oyera el llamamiento de la Gran Madre y sintiera el abrazo de su amor sin límite.

NOTAS

INTRODUCCIÓN.
ENSEÑANZAS BAJO LAS ESTRELLAS

1. John Major Jenkins, *Maya Cosmogenesis 2012* [Cosmogénesis maya 2012] (Rochester, Vt.: Bear & Co., 1998), 113–14.
2. Ibíd., 10–11.
3. Ibíd., 31.
4. Carlos Barrios, *Kam Wuj, El Libro del Destino* (Buenos Aires: Sudamericana, 2000).
5. Ibíd.
6. William Henry, *Oracle of the Illuminati* [Oráculo de los illuminati] (Kempton, Ill.: Adventures Unlimited Press, 2005), 188–90.
7. Carlos Barrios, *Kam Wuj, El Libro del Destino* (Buenos Aires: Sudamericana, 2000).
8. Ibíd.
9. John Major Jenkins, *Maya Cosmogenesis 2012* [Cosmogénesis maya 2012] (Rochester, Vt.: Bear & Co., 1998), 31.
10. Ibíd., 52.
11. Ibíd., 25.
12. Michio Kaku, *Hyperspace* [Hiperespacio] (Nueva York: Anchor Books, 1994), 16.
13. Mark Comings, *The Essential Nature of Space, Time and Light Consciousness,* [La cualidad esencial de la consciencia del Espacio, Tiempo, y la Luz] presentado en la conferencia del Instituto Internacional de Ciencias Humanas Integrales, Montreal, 2005.
14. Dennis William Hauck, *The Emerald Tablet* [La Tabla de Esmeralda] (Nueva York: Penguin Books, 1999), 45.

15. Tom Kenyon y Judi Sion, *The Magdalen Manuscript* [El manuscrito de Magdalena] (Orcas, Wash.: ORB Communications, 2002), 115–31.
16. Mark y Elizabeth Clare Prophet, *St. Germain on Alchemy* [El Conde de Saint Germain sobre la alquimia] (Corwin Springs, Mont.: Summit University Press, 1993), 12.

CAPÍTULO 1. EL MITO DE LA CREACIÓN

1. Dennis Tedlock, *The Popul Vuh: The Definitive Edition of the Mayan Book of the Dawn of Life and the Glories of the Gods and Kings* (Nueva York: Simon and Schuster, 1996).
2. James Robinson, ed., *The Nag Hammadi Library in English* (San Francisco: HarperCollins, 1990), 131, El Evangelio según Tomás, verso 39.
3. Wikipedia, *Los Puranas,* www.wikipedia.org.
4. Génesis 2:17.
5. Anne Llewellyn Barstow, *Witchcraze: A New History of the European Witch Hunts* [Nueva historia de las cacerías de brujas en Europa] (San Francisco: Pandora, 1994), 23.
6. Kathy Jones, *The Ancient British Goddess* [La antigua diosa inglesa] (Glastonbury, Reino Unido: Ariadne Publications, 2001), 125.
7. Gerald Murphy, *The Iroquois Constitution* [La Constitución Iroquesa], The Cleveland Free-Net—aa300, distribuida por la División de Servicios de Emisión Cibernética de la Red Pública Nacional de Telecomputación (NPTN).

CAPÍTULO 2. LOS RITMOS DE LA LUNA

1. John Major Jenkins, *Maya Cosmogenesis 2012* [Cosmogénesis maya 2012] (Rochester, Vt.: Bear & Co., 1998), 205.
2. Zecharia Sitchin, *The 12th Planet* [El duodécimo planeta] (Rochester, Vt.: Bear & Co., 1991).
3. Barbara Marciniak, *Bringers of the Dawn* [Mensajeros del alba] (Rochester, Vt.: Bear & Co., 1992), 17.
4. Laurence Gardner, *Genesis of the Grail Kings* [Génesis de los Reyes del Grial] (Gloucester, Mass.: Fair Wind Press, 2002), 246–50.
5. Ibíd., 181.
6. Éxodo 16:31.

7. Rick Strassman, *DMT: The Spirit Molecule* [DMT: La molécula del espíritu] (Rochester, Vt.: Park Street Press, 2000), 56.
8. Lennart Möller, *The Exodus Case: New Discoveries Confirm the Historical Exodus* (Copenhague: Scandinavia Publishing House, 2000).
9. Osman Ahmed, *Moses and Akhenaten: The Secret History of Egypt at the Time of the Exodus* [Moisés y Akenaton: La historia secreta de Egipto en los tiempos del éxodo] (Rochester, Vt.: Bear & Co., 2002).
10. Dennis William Hauck, *The Emerald Tablet* [La Tabla de Esmeralda] (Nueva York: Penguin Books, 1999), 25.

CAPÍTULO 3. EL VIAJE DEL HÉROE

1. Joseph Campbell, *The Hero with a Thousand Faces* [El héroe de las mil caras] (Nueva York: Bollingen Foundation, 1949).

CAPÍTULO 4. EL DESIGNIO CELESTIAL

1. Alice Bailey, *Esoteric Astrology* [Astrología esotérica] (Londres: Lucis Press Ltd., 1951), 144.

CAPÍTULO 6. DE NIÑO A REY

1. Alice Bailey, *Esoteric Healing* [Sanación esotérica] (Londres: Lucis Press Ltd., 1953), 183–87.
2. Christopher Knight y Robert Lomas, *The Hiram Key* [La clave de Hiram] (Londres: Element Books, 1997), 102.
3. Alice Bailey, *Esoteric Healing* [Sanación esotérica] (Londres: Lucis Press Ltd., 1953), 183–87.
4. Christopher Knight y Robert Lomas, *The Hiram Key* [La clave de Hiram] (Londres: Element Books, 1997), 105.
5. Ibíd., 25
6. Ibíd., 303
7. Diane Wolkstein y Samuel Noah Kramer, *Inanna, Queen of Heaven and Earth* [Inanna, reina del cielo y la tierra] (Nueva York: Harper, 1983), 4–9.
8. C. G. Jung, *Psychology and Alchemy* [Psicología y alquimia] (Nueva York: Bollingen Foundation, 1968), 228.

CAPÍTULO 7. Y UN BUEN DÍA . . .

1. Diane Wolkstein y Samuel Noah Kramer, *Inanna, Queen of Heaven and Earth* [Inanna, reina del cielo y la tierra] (Nueva York: Harper, 1983), 52–57.
2. Eve Ensler, *The Vagina Monologues* [Los monólogos de la vagina] (Nueva York: Random House, 1998).

CAPÍTULO 8. EL AMOR QUE NO CONOCE FIN

1. Charlene Spretnak, *Lost Goddesses of Early Greece* [Diosas perdidas de la antigua Grecia] (Boston: Beacon Press, 1981).

CAPÍTULO 9. EL DESCENSO

1. Diane Wolkstein y Samuel Noah Kramer, *Inanna, Queen of Heaven and Earth* [Inanna, reina del cielo y la tierra] (Nueva York: Harper, 1983), 52–60.
2. Laurence Gardner, *Genesis of the Grail Kings* [Génesis de los Reyes del Grial] (Gloucester, Mass.: Fair Wind Press, 2002), 160.
3. Kathy Jones, *The Ancient British Goddess* [La antigua diosa inglesa] (Glastonbury, Reino Unido: Ariadne Publications, 2001), 46–47.
4. Dennis William Hauck, *The Emerald Tablet* [La Tabla de Esmeralda] (Nueva York: Penguin Books, 1999), 231.
5. Tom Kenyon y Judi Sion, *The Magdalen Manuscript* [El manuscrito de Magdalena] (Orcas, Wash.: ORB Communications, 2002), 20.
6. Hans Jenny, *Cymatics* [Cimática] (Newmarket, N.H.: Macromedia, 2001).
7. Masaru Emoto, *The Message from Water* [El mensaje del agua] (Leido, Los Países Bajos: Hado Publishing, 1999).
8. Diane Wolkstein y Samuel Noah Kramer, *Inanna, Queen of Heaven and Earth* [Inanna, reina del cielo y la tierra] (Nueva York: Harper, 1983), 62–67.
9. Thich Nhat Hanh, *Call Me by My True Names* [Te ruego que me llames por mis verdaderos nombres] (Berkeley: Parallel Press, 1999), 72.

CAPÍTULO 10. LA VERDAD LOS HARÁ LIBRES

1. Hazrat Inayat Khan, *Teachings of Hazrat Inayat Khan; Purpose of life.* www.wahiduddin.net, vol. 1, capítulo 8.

2. Joseph Chilton Pearce, *The Biology of Transcendence* [La biología de la trascendencia] (Rochester, Vt: Park Street Press, 2002), 57.
3. James Twyman, *Emissary of Love [Emisario de amor]* (Findhorn, Reino Unido: Findhorn Press, 2002), 48.

CAPÍTULO 11. LA TABLA DE ESMERALDA

1. Mark y Elizabeth Clare Prophet, *St. Germain on Alchemy* [El Conde de Saint Germain sobre la alquimia] (Corwin Springs, Mont.: Summit University Press, 1993), 6.
2. Dennis William Hauck, *The Emerald Tablet* [La Tabla de Esmeralda] (Nueva York: Penguin Books, 1999), 32.
3. M. Doreal, *Hermes Trismegiste* [Hermes Trismegisto] (Paris: Messrs Firmin Didot 1858).
4. M. Doreal, *The Emerald Tablets of Thoth, the Atlantean* [Las Tablas de Esmeralda de Tot, el atlante] (Nashville: Source Books y Sacred Spaces, 1996).
5. Dennis William Hauck, *The Emerald Tablet* [La Tabla de Esmeralda] (Nueva York: Penguin Books, 1999), 22.
6. Ibíd., 25–30.
7. Ibíd., 3.
8. Ibíd., 45.
9. Ibíd., 165.

CAPÍTULO 12. LAS FASES DE LUNACIÓN Y LOS NODOS DE LA LUNA

1. Dane Rudhyar, *The Lunation Cycle* [El ciclo de lunación] (Santa Fe: Aurora Press, 1978).
2. Demetra George, *Finding Our Way through the Dark* [Encontremos el camino en la oscuridad] (San Diego: ACS Publications, 1994), 15.
3. Jan Spiller, *Astrology for the Soul* [Astrología para el alma] (Nueva York: Bantam Books, 1997).

BIBLIOGRAFÍA

Ahmed, Osman. *Moses and Akhenaten: The Secret History of Egypt at the Time of the Exodus* [Moisés y Akenaton: La historia secreta de Egipto en los tiempos del éxodo]. Rochester, Vt.: Bear & Co., 2002.

Bailey, Alice. *Esoteric Astrology* [Astrología esotérica]. Londres: Lucis Press Ltd., 1951.

———. *Esoteric Healing* [Sanación esotérica]. Londres: Lucis Press Ltd., 1953.

Barrios, Carlos. *Kam Wuj, El Libro del Destino*. Buenos Aires: Sudamericana, 2000.

Campbell, Joseph. *The Hero with a Thousand Faces* [El héroe de las mil caras]. Nueva York: Bollingen Foundation, 1949.

Doreal, M. *Hermes Trismegiste* [Hermes Trismegisto]. Paris: Messrs Firmin Didot, 1858.

———. *The Emerald Tablets of Thoth, the Atlantean* [Las Tablas de Esmeralda de Tot, el atlante]. Nashville, Tenn.: Source Books y Sacred Spaces, 1996.

Emoto, Masaru. *The Message from Water* [El mensaje del agua]. Tokio: Hado Publishing, 1999.

Ensler, Eve. *The Vagina Monologues* [Los monólogos de la vagina]. Nueva York: Random House, 1998.

Gardner, Laurence. *Genesis of the Grail Kings* [Génesis de los Reyes del Grial]. Gloucester, Mass.: Fair Wind Press, 2002.

George, Demetra. *Finding Our Way through the Dark* [Encontremos el camino en la oscuridad]. San Diego: ACS Publications, 1994.

Hauck, Dennis William. *The Emerald Tablet* [La Tabla de Esmeralda]. Nueva York: Penguin Books, 1999.

Henry, William. *Oracle of the Illuminati* [Oráculo de los illuminati]. Kempton, Ill.: Adventures Unlimited Press, 2005.

Jenkins, John Major. *Maya Cosmogenesis 2012* [Cosmogénesis maya 2012] Rochester, Vt: Bear & Co., 1998.

Jenny, Hans. *Cymatics* [Cimática]. Newmarket, N.H.: Macromedia, 2001.

Jones, Kathy. *The Ancient British Goddess* [La antigua diosa inglesa]. Glastonbury, Reino Unido: Ariadne Publications, 2001.

Jung, C. G. *Psychology and Alchemy* [Psicología y alquimia]. Nueva York: Bollingen Foundation, 1968.

Kaku, Michio. *Hyperspace* [Hiperespacio]. Nueva York: Anchor Books, 1994.

Kelley, David H. "Mesoamerican Astronomy and the Maya Calendar Correlation Problem," *Memorias del Segundo Coloquio Internacional de Mayistas* 1 (1989).

Kenyon, Tom y Judi Sion. *The Magdalen Manuscript* [El manuscrito de Magdalena]. Orcas, Wash.: ORB Communications, 2002.

Khan, Hazrat Inayat. *Teachings of Hazrat Inayat Khan; Purpose of life.* www.wahiduddin.net, vol. 1, chapter 8.

Kinstler, Clysta. *The Moon Under Her Feet* [La Luna bajo sus pies]. San Francisco: HarperCollins, 1991.

Knight, Christopher y Robert Lomas. *The Hiram Key* [La clave de Hiram]. Londres: Element Books, 1997.

Marciniak, Barbara. *Bringers of the Dawn* [Mensajeros del alba]. Rochester, Vt: Bear & Co., 1992.

Möller, Lennart. *The Exodus Case: New Discoveries Confirm the Historical Exodus.* Copenhague: Scandinavia Publishing House, 2000.

Nhat Hanh, Thich. *Call Me by My True Names* [Te ruego que me llames por mis verdaderos nombres]. Berkeley: Parallel Press, 1999.

Pearce, Joseph Chilton. *The Biology of Transcendence* [La biología de la trascendencia]. Rochester, Vt: Park Street Press, 2002.

Prophet, Mark y Elizabeth Clare Prophet. *St. Germain on Alchemy* [El Conde de Saint Germain sobre la alquimia]. Corwin Springs, Mont.: Summit University Press, 1993.

Robinson, James, ed. *The Nag Hammadi Library in English.* San Francisco: HarperCollins, 1990.

Rudhyar, Dane. *The Lunation Cycle* [El ciclo de lunación]. Santa Fe: Aurora Press, 1978.

Sitchin, Zecharia. *The 12th Planet* [El duodécimo planeta]. Rochester, Vt: Bear & Co., 1991.

Spiller, Jan. *Astrology for the Soul* [Astrología para el alma]. Nueva York: Bantam Books, 1997.

Spretnak, Charlene. *Lost Goddesses of Early Greece* [Diosas perdidas de la antigua Grecia]. Boston: Beacon Press, 1981.

Strassman, Rick. *DMT: The Spirit Molecule* [DMT: La molécula del espíritu]. Rochester, Vt.: Park Street Press, 2000.

Tedlock, Dennis. *The Popul Vuh: The Definitive Edition of the Mayan Book of the Dawn of Life and the Glories of the Gods and Kings.* Nueva York: Simon and Schuster, 1996.

Twyman, James. *Emissary of Love* [Emisario de amor]. Findhorn, Reino Unido: Findhorn Press, 2002.

Walker, Barbara. *The Woman's Encyclopedia of Myths and Secrets.* San Francisco: Harper, 1983.

Wolkstein, Diane, y Samuel Noah Kramer. *Inanna, Queen of Heaven and Earth* [Inanna, reina del cielo y la tierra]. Nueva York: Harper, 1983.

ÍNDICE